陕西出版资金精品项目

WURENJIZAI SAR TUXIANG XINXI TIQU JISHU

# 无人机载 SAR 图像信息提取技术

段连飞　黄国满　编著

西北工业大学出版社

【内容简介】 本书从技术角度,详细介绍了当前无人机载 SAR 图像信息提取技术原理以及方法实现策略、算法设计思想以及试验验证过程,重点阐述了 SAR 图像特征、无人机载 SAR 图像噪声抑制、无人机载 SAR 图像配准、无人机载 SAR 立体图像提取与立体定位、无人机载 SAR 正射影像提取与单片定位、无人机载 SAR 图像分类的原理与技术,并从实践的角度出发,阐述了无人机载 SAR 图像信息提取系统的设计与开发方法。本书是作者多年从事无人机任务载荷与图像处理技术工作的研究成果。

本书可作为高等学校相关专业的研究生和高年级的本科生教材和教学参考书,也适合无人机和遥感领域的广大科技工作者、工程技术人员参考和使用。

**图书在版编目(CIP)数据**

无人机载 SAR 图像信息提取技术/段连飞,黄国满编著.—西安:西北工业大学出版社,2016.4(2024.8 重印)

ISBN 978-7-5612-4771-6

Ⅰ.①无… Ⅱ.①段…②黄… Ⅲ.①无人驾驶飞机—机载雷达—遥感图象—数字图象处理 Ⅳ.①TP751.1

中国版本图书馆 CIP 数据核字(2016)第 040970 号

出版发行:西北工业大学出版社
通信地址:西安市友谊西路 127 号　　邮编:710072
电　　话:(029)88493844　88491757
网　　址:www.nwpup.com
印 刷 者:陕西向阳印务有限公司
开　　本:787 mm×1 092 mm　　1/16
印　　张:11.625
字　　数:226 千字
版　　次:2016 年 4 月第 1 版　　2024 年 8 月第 3 次印刷
定　　价:58.00 元

# 前　　言

无人驾驶飞机是指无驾驶员或"驾驶"(控制)员在机内的飞机,简称无人机(Unmanned Aerial Vehicle,UAV)。无人机以其机动性能好、成本低等突出优点广泛应用在航空摄影、地图测绘、电力线巡检、城市规划、灾情监测、军事侦察、通信中继、气象监测等领域。毋庸置疑,无人机已成为一种重要的遥感数据获取手段。

纵观国内外无人机的应用案例,以图像获取为目的的无人机独占鳌头,它克服了卫星和有人机对环境、天气等不利因素的影响,为实际应用提供了符合几何精度要求、高分辨率、实时性好的图像资源。这些种类图像主要分为航空像片、可见光视频图像、红外视频图像和合成孔径雷达(Sythetic Aperture Radar,SAR)图像。其中,可见光和红外成像设备受天气影响较大,而合成孔径雷达则克服了天候、云雾等因素影响,能在云、雨、雾等恶劣的天气情况下实施有效的图像获取。可以说,SAR任务载荷的装载才使得无人机成为真正意义上的全天时、全天候遥感平台。

近些年来,随着SAR成像技术的迅猛发展,SAR任务载荷相关技术已日趋成熟,但与之对应的SAR信息处理和信息提取技术却显得薄弱,主要体现在两个方面:其一,无人机载SAR图像信息提取相关技术研究不够系统,研究的领域主要是以图像分析、图像处理为目的的内容较多,而与信息提取实际应用紧密相关的定位、正射影像提取、立体图像提取的内容较少;其二,可直接用于无人机载SAR信息提取软硬件设备开发的相关技术研究较少,而由于成像机制不同,传统的光学图像信息处理方法和设备无法应用到无人机载SAR图像处理之中。客观上,诸多因素也造成了目前SAR图像信息提取技术的相对滞后。

基于此,笔者在多年无人机任务载荷、信息处理以及遥感技术研究基础上,提出了涉及无人机载SAR图像信息提取相关的图像噪声抑制、图像配准、立体图像提取、立体定位、正射影像提取和单片定位、图像分类技术。本书由笔者多年的工作经验和潜心研究的成果整理而成,既包含技术原理的阐述,又含有试验、验证方法与结果的论述。

本书全稿由段连飞、黄国满编写,全书由段连飞统稿。此外,在编写过程中,中国测绘科学研究院、武汉大学遥感信息学院等单位给予了大力支持,提出了许多宝贵意见和建议,在此表示衷心感谢。

由于水平有限,难免挂一漏万,对于书中错漏和不当之处,恳请读者不吝批评指正。

编著者

2015 年 7 月于合肥

# 目　　录

# 第 1 章　绪　　论

## 1.1　无人机载 SAR 的发展历史与现状

### 1.1.1　SAR 的发展

遥感技术是 20 世纪 60 年代发展起来的一门集光学、红外、微波、雷达、激光、计算机等科学于一体的综合性空间信息学科。遥感技术根据不同物体对电磁波的吸收和反射的不同特性来探测地表物体的信息,完成不与目标物接触而实现对目标探测、判读、分类和识别的目的。利用遥感技术能够获取大量的有用信息,它具有获取信息速度快、周期短、受条件限制少、宏观性、综合性等优点。遥感的实现需要能发射和接收电磁波的传感器(如摄影机、多光谱扫描仪、雷达、专题制图仪等)及运载传感器的遥感平台(如卫星、飞机、飞艇、气球等)。

微波遥感是遥感技术中的一个重要分支,它利用某种传感器接收地面各种地物发射或反射的微波信号,借以识别、分析地物,提取所需的信息。微波遥感的重要基础之一是电磁波与各种媒介之间相互作用。电磁波在传播过程中,由于媒介的不连续性、不均匀性、各向异性以及耗损等因素,在遥感目标区域产生反射、散射、透射、吸收和辐射等各种现象,目标与电磁波的作用,产生空间、时间、频率、相位和极化等参数的调制,使回波载有信息,通过标定和信号处理技术,把这些变换成各种特征信号。从而将特征信号与被测目标的物理量之间建立起严格的对应关系,推知遥感目标的物理特性,达到辨认目标和识别目标的目的。

微波遥感发展历史上具有里程碑意义的事是合成孔径雷达的出现,合成孔径概念的产生可以追溯到 20 世纪 50 年代。1951 年,美国古德伊尔(Goodyear)飞行器公司的 Carl Wiley 首先提出可以利用频率分析方法改善雷达的方位分辨率。1957 年 8 月,密执安大学的 Willow Run 实验室获得了第一幅完整聚焦的条带 SAR 图像,这成为合成孔径雷达由理论走向实践应用的标志,合成孔径雷达克服了真实孔径雷达分辨率难以提高的难题。

美国于 1978 年发射了 SEASAT,它是从航天高空向地球环境进行微波遥感的第一次试验,为期 98 天的飞行结果获取大批的雷达图像,证明了 SAR 从航天高度提取地面高分辨率图像的能力,它的 25 m 空间分辨率图像超过陆地卫星 80 m 的分辨率,并且它的全天候工作能力使得成像过程不会留下无效的空白。进入 20 世纪 80 年代,星载 SAR 成像技术有了新的发展,1981 年 11 月,哥伦比亚号航天飞机装上成像雷达 SIR - A,所获得的图像可以识别出埃及西北部沙漠地区的地下古河道;20 世纪 90 年代,随着空间技术的不断发展,Almaz,ERS - 1/2,JERS - 1 等星载 SAR 卫星先后发射成功,并利用全球性布局的地面接收系统提供全球范围的商用服务,SAR 图像广泛地应用于农业、地质、导航、灾情监视、海洋监视等领域,这标志着星载 SAR 系统从试验阶段过渡到实用阶段。1995 年 11 月加拿大成功发射了雷达卫星 RADARSAT,该卫星采用 7 种成像工作模式,图像分辨率可达 8 m,并已在各个领域取得举世瞩目的成绩。

在国内,中国科学院电子学研究所(以下简称电子所)于 1979 年研制成功我国第一台机载合成孔径雷达,获得了第一张合成孔径雷达图像,图像的距离分辨率为 180 m,方位分辨率为 30 m,采用光学记录和光学成像方式。1987 年电子所研制成功了多条带多极化机载合成孔径雷达系统,雷达工作在 X 波段,可以从 HH,VV,HV,VH 四种极化形式中任选一种工作,具有双侧视功能,图像分辨率为 10 m×10 m。1994 年电子所研制成功机载合成孔径雷达实时成像处理器实现了对已有 10 m 分辨率的机载合成孔径雷达信号的实时成像处理。

此外,中国电子科技集团 14 所、中国电子科技集团 38 所、中国航空工业集团 607 所分别研制了机载 SAR 系统,分辨率均优于 1 m。

SAR 图像与光学图像相比具有以下特征:

(1)SAR 是主动式微波成像雷达,具有全天候、全天时成像的特点。

(2)SAR 图像的分辨率与雷达的工作波长、载机的飞行高度、雷达作用距离无关,而与俯角有关,在太空、高空以及远距离都能有效工作。

(3)从成像方式来看,雷达波束以一定的俯角照射被测绘的地域,使得侧视 SAR 图像具有透视收缩、叠掩、阴影等固有特性,这些特性虽然对图像造成一定的影响,但是在某些情况下,合理地应用阴影和这些现象求得的坡度和目标高度却能作为 SAR 图像解译的重要特征。

(4)SAR 图像存在相干斑,具体表现为雷达回波矢量在空中相干叠加生成的随机变量,对图像判读和分析来说是不利因素,可通过噪声抑制算法减小影响。

(5)SAR 遥感被测地域对无线电波的散射特性,只有无线电波散射特性相同的地域,才能获得相同的图像灰度,尽管两个地域的光学反射特性并不均匀,目标的光学图像可能是灰度近似的,而 SAR 图像则可以描绘或区分出不同的特征。

（6）与光学图像相比，SAR 图像穿透探测特性明显，可探测到一定厚度植被中的目标，在沙漠和浅水覆盖的地方、对被植被覆盖的地面成像中有较好的表现。

（7）SAR 图像中目标的极化特征蕴藏着丰富的信息，利用多极化图像可以用于 SAR 图像解译与目标自动识别。

## 1.1.2 无人机载 SAR 的发展

### 1. 无人机技术发展概况

无人机，称为 UAV（Unmanned Aerial Vehicle），长期以来无人机都是作为军事用途而使用的。随着无人机在海湾战争和阿富汗战争中的突出表现，近年来关于无人机的报道和相关文献才大量涌现，其中最为著名的机型包括美国的全球鹰、捕食者等。无人机系统在科学、商业领域的应用是近 10 年来才开始的。1992 年，Holland 等提出了自重小于 20 kg、利用 GPS 自动驾驶、长航时、微小型飞机平台的概念，主要应用目的是对无人区进行大气探测；到 1996 年 Joanne 的文章中讨论了商业高空无人机遥感所引起的相关问题；1999 年 Rodrigo 等提出了一种低速、长航时民用遥控飞行器的初步设计方案。可见在国外关于无人机的民用研究，特别是在遥感领域的应用研究也正处于起步的阶段。目前各种类型的无人机在国外被广泛地用于精密农业、海洋环境快速评估、科学研究、交通管理等领域。

在我国，西北工业大学、南京航空航天大学、北京航空航天大学、洪都航空工业集团、中国航天第三研究院等有关单位近年来都在致力于无人飞行器的研究，研制成功的无人机已经在军事侦察、微波中继、空投、打靶等众多军事领域得到广泛的应用。近年来在民用方面也有了较大的发展，如 2001 年中国测绘科学研究院研制成功 UAVRS－Ⅱ型无人遥感监测飞机。

军事上的成功运用大大促进了无人机的发展，最具代表性的是西北工业大学于 1995 年研制成功的 ASN－206，该飞机可以装载画幅航空相机、全景相机、红外行扫仪、高分辨率电视摄像机，主要用于军事侦察和情报获取。

随着飞行器技术、测控技术、导航技术的迅猛发展，无人机向远距离、多任务载荷、全天候等方向发展。

### 2. 无人机载 SAR 的发展

20 世纪 90 年代以前，无人机载侦察设备还主要以航空照相机、电视摄像机、前视红外仪和红外行扫仪为主，它们利用光学原理和物理辐射原理成像，对气候条件有一定的要求，不适合在恶劣气象条件下使用。在 90 年代初的几次局部战争中，无人侦察机的光电侦察设备就暴露出了其局限性。随着微电子技术和微波技术的不断发展,机载合成孔径雷达不断完善与改进,使得无人机载小型 SAR 得以实现,并逐步应用到无人机装备上,成为无人机侦察设备,大大提高了无人机战场侦察系统的作战能力。

美军"全球鹰"高空长航时军用无人机上装备的 HISAR 合成孔径雷达,能够全天时、全天候进行高分辨率成像,克服了光电侦察设备受天候限制的不足,其在 2003 年伊拉克战争中的应用,大大提高了美军空中侦察的精确性和实效性,从而确保了指挥官全面、准确、迅速地掌握、判断战场情况,为美军实施精确火力打击提供了基本保证。无人机载 SAR 表现出了重大的实用价值和强大生命力,引起了世界各国军方的广泛关注,世界上许多国家都投入力量研制无人机载 SAR。表 1.1 列出了美、欧等国无人机载 SAR 的主要装备情况。

表 1.1　美、欧等国无人机载 SAR 装备情况

| 美国 | | | | |
| --- | --- | --- | --- | --- |
| TESAR | TUAVR | Lynx SAR | MWTIS | HISAR |
| 捕食者/暗星 | 猎人 | I-GNAT | 捕食者 | 全球鹰 |
| 欧洲 | | | | |
| MiSAR | 调频连续波 SAR | Mini SAR | IFSAR | Qua SAR |
| 德国 | 荷兰 | 荷兰 | 意大利 | 英国 |

近些年,国内机载 SAR 技术的逐步成熟完善带动了无人机载 SAR 技术的发展,中国电子科技集团 38 所、14 所先后开发成功了无人机载 SAR 成像系统,并得到了成功运用。

# 1.2　无人机载 SAR 成像原理

无人机载 SAR 属于侧视成像雷达范畴。侧视雷达与航空摄影不同,航空摄影利用太阳光作为照明源,而侧视雷达利用发射的电磁波作为照射源。它与普通脉冲式雷达的结构大体上相似。图 1.1 所示为脉冲式雷达的一般组成结构。它由一个发射机、一个接收机、一个转换开关和一根天线等组成。

图 1.1　脉冲式雷达的一般组成结构

发射机产生脉冲信号,由转换开关控制,经天线向观测地区发射。地物反射脉冲

信号,也由转换开关控制进入接收机。接收的信号在显示器上显示或者记录在磁带上。

雷达接收到的回波中,含有多种信息。如雷达到目标的距离、方位、雷达与目标的相对速度(即作相对运动时产生的多普勒频移)、目标的反射特性等。其中距离信息可用下式表示:

$$R = \frac{1}{2}vt \tag{1.1}$$

式中 $R$—— 雷达到目标的距离;

$v$—— 电磁波传播速度;

$t$—— 雷达和目标间脉冲往返的时间。

雷达接收到的回波强度是系统参数和地面目标参数的复杂函数。系统参数包括雷达波的波长、发射功率、照射面积、方向和极化等。地面目标参数与地物的复介电常数、地面粗糙度等有关。

### 1.2.1 雷达成像原理

如图1.2所示,侧视雷达S在飞机(或卫星)飞行时间内向垂直于航线的方向发射一个很窄的波束,这个波束在航迹向上很窄,在距离向上很宽,覆盖了地面上一个很窄的条带,飞机在飞行时不断发射这样的波束,并不断接收地面窄带上的各种地物的反射信号,于由这些波束扫视地面一条带状区域,形成图中的成像带。每个波束是由所发射的一个短的脉冲形成,这个脉冲遇到目标后,一部分能量由地物反射返回雷达天线,即回波。地面上与飞机距离不同的目标反射的回波,由雷达天线和接收机按时间的先后次序接收下来,并由同步的亮度调制的光点在摄影胶片上按回波的强度大小记录下来,一条视频回波线就记录了窄条带上各种地物的图像。紧接着发射下一个脉冲,飞机同时向前飞行了一段很小的距离,然后又接收地面相邻窄条带的地物反射的回波信号,如此继续,构成地面成像带的图像。

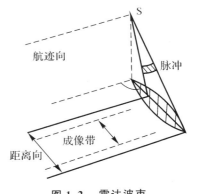

图1.2 雷达波束

在地面可以分辨的两目标之间的最短距离就是侧视雷达图像的距离分辨率。距离分辨率与天线和目标之间的距离无关,或者说与天线高度无关。如图1.3所示,无论天线在A处,或在B处,所接收的两相邻目标信号均是相同的。但是在不同俯角下的两个目标(见图1.4)则有不同的结果。图1.4中X处的两个目标与Y处的两个目标虽然都相距同一距离,但 X 处俯角大,两目标反射的脉冲会重叠,从而两点信号无法分开。而 Y 处俯角小,反射信号不会重叠。这说明了距离分辨率与俯角关系很大,侧视时距离分辨率好,近垂直时反而差,与航空摄影的情况正好相反,这同时也说明了雷达成像必须侧视的原因。

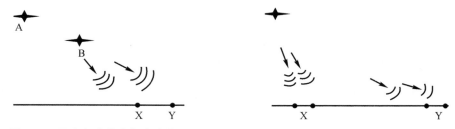

图 1.3 距离向分辨率与高度关系　　　　图 1.4 距离向分辨率与俯角关系

一般距离分辨率表示为

$$R_r = \frac{\tau C}{2} \sec \beta \tag{1.2}$$

式中　　$\tau$——脉冲长度;

　　　　$C$——电磁波传播速度;

　　　　$\beta$——俯角。

在航迹向上,两个目标要能区分开来,就不能处于同一波束内,在这一方向上所能分辨出的两个目标的最小距离称为方位分辨率:

$$R_\omega = \omega R \tag{1.3}$$

式中　　$\omega$——波瓣角;

　　　　$R$——斜距。

由于波瓣角与波长 $\lambda$ 成正比,与天线孔径 $d$ 成反比,故方位分辨率又可表示为

$$R_\omega = \frac{\lambda}{d} R \tag{1.4}$$

由此可见,要提高方位分辨率,必须加大天线孔径,采用波长较短的电磁波,缩短观测距离。但在飞机或卫星上,这些都受到限制。目前的方法是采用合成孔径侧视雷达。这种雷达接收的回波并不像真实孔径侧视雷达那样立即显示成像,而是把目标回波的多普勒相位历史储存起来,即存储在所谓的"数据胶片"上,然后对数据胶片进行相关处理,形成图像。

## 1.2.2　SAR 成像

合成孔径技术是为了解决侧视雷达影像分辨率难以提高的难题而发展起来的新技

术,它实现了雷达成像的方位分辨率与天线长度、飞行高度无关的愿望。

　　合成孔径技术的基本思想是用一个小天线沿一直线方向不断移动,如图1.5所示。在移动中每个位置上发射一个信号,接收相应发射位置的回波信号存储下来,存储时必须同时保存接收信号的振幅和相位。当天线移动一段距离 $L_s$ 后,存储的信号和长度为 $L_s$ 的天线阵列诸单元所接收的信号非常相似。合成孔径天线是在不同位置上接收同一地物的回波信号,真实孔径天线则在一个位置上接收目标的回波。如果把真实孔径天线划分成许多小单元,则每个单元接收回波信号的过程与合成孔径天线在不同位置上接收回波的过程十分相似。真实孔径天线接收目标回波后,好像物镜那样聚合成像,而合成孔径天线对同一目标的信号不是在同一时刻得到,它在每一个位置上都要记录一个回波信号,每个信号由于目标到飞行器之间的距离不同,其相位和强度也不同。然而,这种变化是有规律地进行的,当飞行器向前移动时,飞行器与目标之间的球面波波数逐渐减少,目标在飞行航线的法线上时与天线的距离最小。当飞过这条法线时球面波波数又有规律地增加。这样形成的整幅影像,也不像真实孔径雷达影像那样,能看到实际的地面影像,而是一相干影像,它需要处理后才能恢复成地面的实际图像。

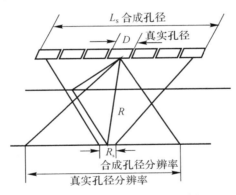

图 1.5　合成孔径雷达工作过程

　　合成孔径雷达的方位分辨率如图1.5所示。若用合成孔径雷达的实际天线孔径来成像,则其分辨率将很差。设天线孔径为 8 m,波长为 4 cm,当目标与天线的距离为 400 km时,按式(1.1)计算,其方位分辨率为 2 km。现在若用合成孔径技术,合成后的天线孔径为 $L_s$,则其方位分辨率为

$$R_s = \frac{\lambda}{L_s} R \tag{1.5}$$

由于天线最大的合成孔径为

$$L_s = R_\omega = \frac{\lambda}{d} \tag{1.6}$$

将式(1.6)代入式(1.5)则有

$$R_s = d \tag{1.7}$$

式(1.7)说明合成孔径雷达的方位分辨率与距离无关,只与实际使用的天线孔径有关。此外由于双程相移,方位分辨率还可提高一倍,即 $R_s = d/2$。

# 1.3　无人机载 SAR 图像信息提取的关键技术

SAR 图像与其他无人机图像(航空像片、电视图像)相比,图像信息具有以下特点:一是斜距成像使图像的畸变与中心投影畸变不同;二是 SAR 图像中包含着不可避免的相干斑噪声;三是 SAR 图像中包含了更丰富的立体信息;四是与可见光图像相比,SAR 图像解译更困难。

针对 SAR 图像的特点以及无人机作战使用中的需求,无人机载 SAR 图像信息提取工作主要体现在两个方面,其一是与作战使用紧密相联的目标坐标提取(即定位处理)和图像资源的提取(如立体图像和正射影像);其二是为了有效地实现信息提取所需要解决的相关问题。本书将其归纳为以下六项关键技术:

**1. 图像噪声抑制**

SAR 图像由于成像机理形成的相干斑噪声是一种乘性噪声,很难去除或者抑制。对于高分辨的 SAR,其目标图像背景复杂,伪目标和真实目标在有些图像中难以识别,图像所含的纹理信息丰富,且具有一定的相似性,边缘轮廓含有大量的高频信息。同时 SAR 图像受噪声的干扰较大,也给真实目标的判别带来了困难。传统的光学去噪方法主要针对噪声模型为加性的噪声,对 SAR 图像噪声去除或抑制效果不佳,必须研究适合 SAR 图像的噪声抑制方法,以此减小噪声对图像配准、特征提取以及图像分类的影响。

**2. 图像配准**

变化检测、SAR 图像与可见光图像融合、SAR 图像镶嵌是无人机侦察图像信息处理的重要手段,而这三种图像分析的前提都是图像已经经过配准处理,配准的精度和自动化程度直接影响图像分析的质量和速度。

**3. 立体图像提取**

立体判读和立体定位是无人机侦察图像解译的主要方法。无人机航空像片是通过同一条航线的相邻像片构建立体像对实现立体判读的,SAR 图像的成像机制使得必须使用相邻航带的图像才能构建立体图像。由于无人机飞行航线保持能力有限,不同航带斜距变形差别较大,往往构建的立体图像视觉效果不佳,而且单航带飞行时,无法实现立体图像提取。为了更好地实现 SAR 图像立体判读,需要研究立体图像的提取方法。

**4. 正射影像提取**

在测绘领域,正射影像(DOM)是一种重要的测图成果;在无人机信息处理领域,正射影像是一种基础性的情报产品。特别对于 SAR 图像,斜距变形使得图像与人的视觉相差较大而不容易被解译使用,正射影像则较好地解决了该问题。同时,SAR 正射影像还是多源图像融合分析和单片目标定位处理的基础图像,正射纠正往往采用数字微分纠正的方法。

**5. 目标定位**

目标坐标是无人机信息处理的最重要的情报信息之一。精确的目标坐标给予了情报部门和火力打击部门重要保障,目标定位处理是侦察型无人机非常重要的环节,直接决定着无人机的作战效能。因此,必须研究选择适当的数学模型、适当的方法来实现无人机快速精确目标定位。

**6. 图像分类**

当前,无人机主要通过图像解译来判定目标。由于 SAR 图像与可见光图像成像机理的不同,可见光图像解译方法特别是自动分析的方法不能直接应用到 SAR 图像中,必须研究适合于 SAR 图像特点的图像分类方法,图像分类对于面状目标的自动和半自动化处理比较有效,特别是在利用无人机载 SAR 图像进行毁伤评估中具有重要的应用价值。

# 1.4　无人机载 SAR 图像信息提取技术研究进展

国内,由于最近几年机载 SAR 才开始成为无人机任务载荷,从目前装备使用来看,还没有无人机载 SAR 图像信息提取设备,无人机载 SAR 图像还仅仅用于人工判读解译阶段。

国外,虽然无人机载 SAR 成像技术发展较早,但尚未见大量的 SAR 图像提取技术的报道。

虽然直接用于无人机载 SAR 图像信息提取的技术和设备很少有报道,但是 SAR 图像处理的研究却很多,主要体现在 SAR 图像去噪、图像配准、目标识别以及 SAR 图像测图等方向的研究。

由于相干斑效应,图像去噪成为 SAR 图像处理中一个关键环节。同时图像的细节在频率域反映为高频分量,与噪声的高频混淆,因此,如何既保持图像细节又能滤除随机噪声,一直是平滑图像的关键问题。国内外都对该问题进行了广泛的研究,目前用得较广泛的是 Lee 滤波、Frost 滤波、最大后验概率法、中值滤波法等,电子科技大学的郭宏雁提出了加权中值滤波的方法,加权中值滤波法在抑制相干斑的同时最大限度地保持了图像的空间分辨率;武汉大学的管鲍提出了 SAR 图像滤波的迭代方法,该方法结合统计滤波方法和小波分析方法,提出了细节补偿去噪的思路。

SAR 图像配准最早借鉴了光学图像配准的方法,之后很多学者对 SAR 图像配准进行了研究,华中科技大学图像识别与人工智能研究所的于秋则提出了基于改进 Hausdorff 测度和遗传算法的 SAR 图像与光学图像配准的方法。该方法针对 SAR 图像低信噪比(SNR)与乘性噪声模型的固有特性提出了一种边缘特征的提取方法,即在获取光学图像与 SAR 图像边缘图的基础上,根据 Hausdorff 距离具有强抗干扰能力和容错能力的特点,采用了改进的 Hausdorff 距离作为相似性测度;在搜索策略上,根据遗传算法的固有的并行性,采用遗传算法来加快搜索的速度。哈尔滨工业大学的王磊提出了一种基于区域特征提取的图像配准方法,对 SAR 图像首先进行相干斑噪声抑制,并采用图像分割的方法提取出封闭区域的边界作为特征,然后与可见光中提取的边缘利用闭合区域边缘链码的相关寻求匹配,精确配准的误差达到子像素级水平。电子科技大学的黄勇提出了一种基于图像特征的快速匹配实现方法,针对两幅 SAR 图像,该方法进行边缘检测和区域轮廓提取以及区域特征描述,最后实现图像的自动匹配。

SAR 图像自动识别与图像分类一直是国内外研究的重难点问题,特别是在军事上的应用,已成为一个高度关注的领域,早期的 SAR 图像分辨率不高,主要工作集中在目标检测方面。一幅 SAR 图像可看作点、线、面目标的组合,分别讨论它们的目标特征及其提取方法,无疑会有利于对雷达图像的解译。点状目标的检测在 CFAR 检测技术中占据很重要的地位,CFAR 检测的目的是提供相对来说可以避免噪声背景杂波和干扰变化影响的检测阈值,同时使目标检测具有恒定的虚警概率。L. M. Novak 提出了基于高斯分布双参数 CFAR 计算,并成功应用于林肯实验室的 SAR 目标检测和识别系统中。为了从 SAR 图像中提取线特征,A. Lopes,E. Nezry,R. Touzi 等人研究提出了适用于边界、线、点提取的结构比率算子,该算子可以获得恒定的虚警概率;C. J. Oliver 提出了边界的最优检测算子;解放军理工大学的郦苏丹提出了 SAR 图像的多尺度边缘检测方法,方法首先构造高斯多尺度边界检测算子,然后根据信号边界与噪声边界的小波变换模值跨尺度传递的不同特性,将不同尺度的检测算子检测的边缘相融合,提出由边缘传递、继承和生长构成的多尺度边缘关联融合算法。面目标的提取主要通过图像分割的手段来实现,常规的图像分割法用于 SAR 图像中时,效果往往比较差。近年来,很多研究人员致力于 SAR 图像分割,也提出了一些算法,R. Cook 等提出用 Merge Using Moments 方法对 SAR 图像进行基于区域合并方式的区域分割,C. Lemarechal 研究了基于形态学的 SAR 图像分割。分类是 SAR 目标识别中的关键步骤,许多学者引入图像的纹理特征来分类 SAR 图像,如美国 Michigan 环境研究所用 SAR 图像的纹理来分类冰的类型,有人采用多极化特征区分地物,在林肯实验室的 SAR ATR 系统中目标鉴别的阶段就使用了极化特征,也有人对多种分类器的性能作了比较,对分类精度的计算也作了叙述,还有人使用神经网络、模糊技术、支持向量机等对图像的分类作了大量的研究工作。

关于正射影像提取、立体图像提取、目标三维坐标解算,国内外测绘学者都进行了大量卓有成效的工作。中国测绘科学院的黄国满研究员提出了一种基于投影差改正的多项式 SAR 图像纠正法,并验证了方法的有效性和可行性;解放军信息工程大学的范永弘提出了采用 Konecny 构像模型结合 DEM 进行 SAR 图像几何校正的方法;解放军信息工程大学的高力提出了采用 Leberl 模型进行机载 SAR 图像立体定位方法;武汉测绘科技大学的周月琴在 SAR 图像成像方程式的基础上提出了 SAR 立体定位的原理和方法,并分析影响 SAR 立体定位的主要因素。从目前的比较成熟的摄影测量系统产品来看,主要有中国适普公司研制的 VirtuoZo,Erads 公司研制的 Erads,中国测绘科学研究院研制的 Jx-4,中国测绘科学研究院研制的 GeoMap,这些产品都具有 SAR 正射影像提取、目标三维坐标解算的功能。对于立体图像的提取与观察方法,虽然有很多学者进行大量的研究,特别是立体判读和测图方法已经比较成熟,航空像片立体像对提取方法也比较成熟,但目前从查到资料来看,SAR 立体图像的提取方法,特别是消除一个方向视差的立体图像提取方法尚没有查到。

# 1.5 本书内容安排

从无人机载 SAR 图像中提取信息是无人机侦察图像处理的重要内容,目前对于该领域的研究还处于起步阶段,也是今后研究的重点。本书针对当前无人机信息提取以及作战使用的需求,重点研究了无人机载 SAR 图像噪声抑制、图像配准、立体图像提取、正射影像提取、目标定位以及地物分类等相关内容,在理论研究基础上,设计了无人机载 SAR 图像信息提取系统。

全书内容安排如下:

第 1 章为绪论。介绍了无人机载 SAR 的发展历史与现状,对机载 SAR 成像原理做了简要概述,论述了无人机载 SAR 图像信息提取的关键技术和研究进展。

第 2 章为 SAR 图像特征。主要阐述了 SAR 图像色调特征和几何特征,并对影响 SAR 图像几何变形因素进行了分析。

第 3 章为无人机载 SAR 图像噪声抑制。介绍了 SAR 图像去噪的意义以及 SAR 去噪评价指标,分析了几种常用的 SAR 去噪方法的原理;在引入 ROA 算子的基础上,详细阐述了保持边缘的去噪方法。

第 4 章为无人机载 SAR 图像配准。在研究图像配准方法的基础上,探讨了特征匹配方法在无人机载 SAR 图像配准中的应用问题;提出了基于 MSP‐ROA 算子的 Canny 边缘检测算法;针对多幅无人机载 SAR 图像镶嵌、立体定位、对比分析等信息处理的需要,提出了基于 Harris‐SIFT 匹配算法。

第 5 章为无人机载 SAR 立体图像提取与立体定位。研究了 SAR 立体图像特点和立体成像方式,在此基础上,依据无人机飞行特点和信息处理需要,提出了基于斜距投影的立体图像提取和基于中心投影的立体图像提取方法;提出了基于 DEM 支持的立体定位方法和无 DEM 支持的立体定位方法,并对影响定位精度的因素进行了分析。

第 6 章为无人机载 SAR 正射影像提取与单片定位。重点研究了机载 SAR 正射影像的提取方法,探讨了正射纠正常用数学模型的原理及其特点,提出了采用 F. Leberl 模型和基于投影差改正的多项式模型作为无人机载 SAR 图像纠正模型;针对无人机载 SAR 图像使用过程中的单片定位的问题,研究了基于 F. Leberl 模型的单片定位方法,提出了基于投影差多项式的单片定位方法。

第 7 章为无人机载 SAR 图像分类。以无人机载 SAR 图像分类子系统的设计为牵引,介绍了机载 SAR 图像分类的流程,论述了纹理特征及纹理分析方法;探讨了非监督分类中的最大最小距离方法、K‐均值方法、ISODATA 方法;重点研究了 BP 神经网络作为分类器用于机载 SAR 图像分类的方法,并对算法进行了设计。

第 8 章介绍了无人机载 SAR 图像信息提取系统的设计与实现。

# 第 2 章　SAR 图像特征

## 2.1　SAR 图像色调特征

　　SAR 图像的色调是指影像从黑到白的深浅灰度。地面目标在雷达图像的影像色调，取决于雷达天线接收目标回波信号的强度。回波功率强，则影像色调浅；回波功率弱，则影像色调深。回波功率的大小取决于目标的雷达截面积，即目标有效散射面积。雷达截面积的大小不仅与目标的物理性质有关，还与雷达的参数有关。具体说，影响雷达截面积的主要因素有目标的表面粗糙度和复介电常数，入射电磁波的波长、入射角和极化方式，以及目标的分布特征与形态。

### 2.1.1　目标表面粗糙度

　　在影响雷达图像色调的各要素中，目标表面的粗糙度的影响是最重要的因素。地表粗糙度有宏观范围粗糙度、中等尺度粗糙度和微观小尺度粗糙度之分。这里主要讨论雷达分辨率单元范围内的微观粗糙度。微观粗糙度通常由砂、石砾等颗粒和植被枝、叶对基准表面的结构所决定，一般以分辨率单元范围内高差的均方根（$h$）来度量，即

$$h = \left[ \frac{1}{n-1} \left( \sum (Z_i)^2 - n\,(\bar{Z}_i)^2 \right) \right]^{1/2} \tag{2.1}$$

式中　$Z_i$—— 各取样点对基准面的高差；

　　　　$\bar{Z}_i$—— 所有取样点高差的平均值；

　　　　$n$—— 取样点的数量。

　　表面粗糙度根据高差均方根 $h$ 的大小分为光滑表面和粗糙表面。根据瑞利判据，如果表面上两点反射程差的相位差（$\Delta\varphi$）小于 $\pi/2$ 弧度，那么该表面可以认为是光滑的；否则，可认为是粗糙的。

　　由图 2.1 所示几何关系可以得出

$$\Delta\varphi = \frac{4\pi}{\lambda} h \cos\theta \tag{2.2}$$

如果 $\Delta\varphi < \pi/2$，则导出瑞利判据表达式

$$h < \frac{\lambda}{8\cos\theta} \quad （瑞利判据） \tag{2.3}$$

式中　$\lambda$—— 雷达波长；

　　　$\theta$—— 入射角。

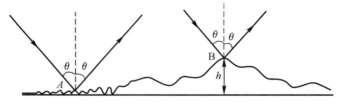

**图 2.1　雷达波在两点间反射程差的相位差**

但是，在微波波段，波长与表面粗糙度（$h$）值可相比拟，通常采用 $\Delta\varphi < \pi/8$ 为条件的弗兰霍弗判据，即

$$h < \frac{\lambda}{32\cos\theta} \quad （弗兰霍弗判据） \tag{2.4}$$

皮克-奥列弗进一步做了如下判定：

$$h < \frac{\lambda}{25\cos\theta} \quad 为光滑表面 \tag{2.5}$$

$$h < \frac{\lambda}{4.4\cos\theta} \quad 为粗糙表面 \tag{2.6}$$

$$\frac{\lambda}{25\cos\theta} < h < \frac{\lambda}{4.4\cos\theta} \quad 为中等粗糙表面 \tag{2.7}$$

平滑表面对电磁波产生镜面反射，服从菲涅尔定律：反射角等于入射角，如图 2.2(a) 所示，被反射的能量集中在反射角方向很小的角度范围内，其他方向没有能量反射。因此，平滑表面没有后向反射回波，在雷达图像上为黑色色调。

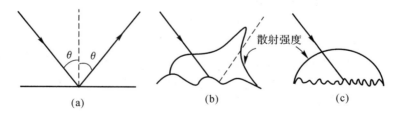

**图 2.2　不同地表类型的反射（散射）特性**

(a)平滑表面；　(b)中等粗糙表面；　(c)粗糙表面

中等粗糙表面对电磁波产生向各方向的散射，在镜向方向有一个较其他方向强的散

射,如图 2.2(b)所示。因此,中等粗糙表面在雷达像片上呈现灰色调影像。

雷达入射电磁波的后向散射强度,随表面粗糙度的增加而加大。粗糙表面在各方向的散射强度基本相等,没有明显的方向性,如图 2.2(c)所示。

图 2.3 所示为目标表面粗糙度与后向散射、方向性反射的关系。

从式(2.7)可以看出,一个给定的目标表面究竟是"粗糙"还是"平滑",与雷达波长和雷达波对表面的入射角的大小有关。因此,表面粗糙度是一个相对的而不是一个绝对的参数。例如,机场跑道与其背景草地两种表面,对于 K 波段(1 cm),水泥跑道是平滑的,草地是粗糙的,在雷达像片上两者呈现出很大的影像反差;而在 L 波段(25 cm)雷达像片上,草地也不很粗糙,跑道与草地的影像反差没有前者明显。表 2.1 列出了在 45°入射角条件下不同雷达波长所对应的粗糙度量级。

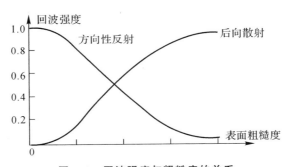

图 2.3　回波强度与粗糙度的关系

表 2.1　不同雷达波长的粗糙度量级　　　　　　　　　　　单位:cm

| 表面类型 | K 波段(1cm) | X 波段(3cm) | L 波段(25cm) |
|---|---|---|---|
| 平滑 | $h<0.05$ | $h<0.17$ | $h<1.14$ |
| 中等粗糙 | $h=0.05\sim0.25$ | $h=0.17\sim0.96$ | $h=1.14\sim8.04$ |
| 粗糙 | $h>0.25$ | $h>0.96$ | $h>8.04$ |

## 2.1.2　目标的复介电常数

目标的复介电常数是影响雷达图像色调的另一重要因素,复介电常数($\varepsilon_\lambda$)是目标表面下物质的平均电特性,与物质的电容率($R$)和电导率($\kappa$)有关,即

$$\varepsilon_\lambda = \varepsilon'_\lambda - j\varepsilon''_\lambda = \frac{R}{\varepsilon_0} - j\frac{\kappa}{2\pi f\varepsilon_0} \tag{2.8}$$

式中　$\varepsilon'_\lambda$——复介电常数的实部；

　　　　$\varepsilon''_\lambda$——复介电常数的虚部；

　　　　$\varepsilon_0$——真空介电常数；

　　　　$f$——电磁波相应波长的频率。

　　实部为介电常数。虚部为损耗因子，即电磁波在其中传输的损耗，即衰减。当 $\varepsilon''_\lambda=0$，即没有传输损耗，物质为透明体；当 $\varepsilon'_\lambda$ 和 $\varepsilon''_\lambda$ 都很大时，物体呈现金属性质，是良好的反射体。

　　复介电常数（模）愈大，后向散射系数愈大，雷达图像影像色调愈浅。也就是说，两个地物目标的形状、大小和表面粗糙度相同，其中复介电系数大的地物目标，影像色调比复介电常数小的目标影像色调浅。

　　目标复介电常数大小主要取决于目标的含水量和电导率。

　　地表面干燥的岩石、土壤、植被、雪等物体介电常数比较小，为 3～8，而水体的介电常数很大，为 80 左右。因此，含水量大的目标比含水量小的目标复介电常数大。在雷达像片上，相同性质的目标，含水量大的影像色调比含水量小的影像色调浅。在雷达图像判读中，经常把目标含水量的大小与目标复介电常数的大小等同看待。因为不同湿度土壤，不同的植被在雷达图像上有不同灰度，所以根据其影像反差可以确定土壤的相对湿度和农作物的种类。

　　导电率大的物体，如金属有较大的复介电数常数，对雷达波是很强的反射体，在雷达图像上为浅色调影像。

　　综上所述，水面和金属表面有很大的复介电常数，是好的反射体；岩石、混凝土有较大的复介电常数，是较好的反射体；而干燥的土壤、沙漠的复介电常数较小，是较差的反射体，而是好的被穿透体，它们在雷达图像上有不同色调。

　　但是，在影响目标雷达图像影像色调的因素中，目标表面的粗糙度和形状起伏比复介电常数有更重要的作用。因此，在雷达图像的定性判读中，主要应注意目标是好的还是差的反射体。

### 2.1.3　目标形状

　　目标形状是指单个物体本身及其与地平面所构成的几何形态，其中对雷达图像色调影响最大的是两个光滑平面相互垂直构成的角反射，即二面角反射器和三面角反射器。

　　当雷达波束照射到二面角反射器的垂直面或水平面之后，由于两个面的镜面反射，使入射波束反转 180°向束波方向传播，如图 2.4 所示。从图 2.4 可以看出各条射线经过的路径相同，如同过 $O$ 点的轴线反射。因相同相位回波相加，导致极强的雷达回波，在雷达图像上将出现相应于通过 $O$ 点轴线的白色影像。但是,当雷达波束方向与二面角交线方向不垂直时,则回波强度较弱。这种现象称为角反射器的指向效应。而在三面角反射器中,雷达波束经历了三次反射,没有明显的指向效应,不论波束指向如何,都有很强的雷达回波。因此,在雷达散射测量系统中,通常以精细制作的三面角反射器作为雷达散射截面的标准。用不同材料制作的角反射器,因材料的复介电常数不同,雷达回波的强度也会不同。金属角反射器回波最强,混凝土角反射器回波强度次之,干燥木板的角反射器回波较弱。在地面上很多高出地面的地物构成角反射器,在雷达图像上呈现白色或灰白色色调影像,如房屋墙壁、树、堤、陡岸和梯田坎等。

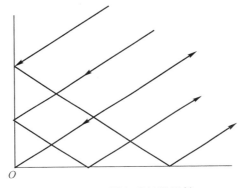

图 2.4　两面角反射器反射

## 2.1.4　雷达波长、极化、侧视角对色调的影响

雷达波长、极化方式和侧视角大小是雷达成像的重要参数,对雷达图像影像色调有重要影响。

**1. 波长**

从前面目标参数可以看出,雷达波长主要对目标表面粗糙度和复介电常数产生影响。对某一给定目标表面,雷达波长越短,表面就显得越粗糙;雷达回波强度越大,影像色调越浅,反之,影像色调深。一般情况下,目标表面的散射系数随雷达波长缩短而增大。

雷达波长与目标复介电常数相关性比较复杂。一方面表现在目标复介电常数随波长的减小而增大。也就是说,同一目标在短波长雷达波照射下比长波照射有较强的回波。另外,雷达波长对复介电常数的影响还涉及对地形目标的穿透能力。

雷达波的穿透深度由它的波长、被穿透目标的介电常数和电导率等因素决定。雷达波的穿透深度随波长的缩短而迅速降低。较长波长的雷达波有较好的地表穿透能力。同一雷达波长对不同电介质特性目标的穿透能力不同,对具有高湿度和高电导率的目标穿透深度浅,而对干燥和电导率低的目标穿透力强。

雷达波虽然对土壤和植被地表有一定的穿透能力,但对于湿度较大的地表土壤和植被穿透深度很浅,在雷达图像上一般不可能包含地表以下的信息,呈现的为树冠和土壤表层的影像。雷达波对特别干燥的土壤、沙地和冰雪有较强的穿透能力。

**2. 极化**

雷达发射电磁波能够在任何给定的平面里被极化。当雷达采用水平极化(H)、垂直极化(V)波照射目标时,由于电磁波与目标相互作用使极化产生不同程度的旋转,从而产生水平极化和垂直极化两个分量的散射回波。用不同极化天线,可以分别接收不同极化的回波。因此,根据雷达发射波束的极化和接收回波的极化组合,可以获取 4 种不同极化方式的图像,即 HH,VV,HV,VH。前两种为相同极化,后两种称为交叉极化。

地面目标去极化主要来自目标本身的曲率半径与雷达波束波长可以比拟的边缘效应。很粗糙的表面漫散射常发生很强的去极化现象,交叉极化回波大于同极化回波;不太粗糙的目标表面,一般无去极化现象,交叉极化回波弱。例如,接收水面上交叉极化分量比发射能量低 25 dB 左右。复介电常数对交叉极化回波的影响,随目标湿度增加而加强。另外,植被的叶子、细枝、树干所产生的多路径反射和穿透目标的体散射也会造成去极化现象。

一般来说,同一粗糙表面 HH 回波和 VV 回波强度相差不大,但光滑表面 VV 回波比 HH 回波强;交叉极化回波比同极化回波低,用来接收交叉极化回波的接收机的增益比用于接收同极化波接收机高。

**3. 侧视角**

侧视角变化对雷达图像色调的影响,主要表现在波束入射角的变化对有效表面粗糙度和分辨率单元的实地面积的影响。

地面平坦时,波束的入射角等于侧视角;地面为丘陵地和山地时,侧视角不等于入射角,入射角将随地形坡度角大小而变化。一般情况下,向着雷达波束的坡面,波束有效入射角随地形坡度角增加而减小;背向雷达波束的坡面,入射角随地形坡度增加而增加。对于地球陆地大多数实际表面情况,散射系数 $\sigma^\circ$ 与侧视角 $\theta$ 的一般关系可表示为

$$\sigma^\circ(\theta) = \sigma^\circ(0^\circ) \mathrm{e}^{-h\theta} \tag{2.9}$$

式中    $\sigma^\circ(0^\circ)$——取决于表面物质的复介电常数;

$h$——表示表面接近理想光滑的程度。

地面目标散射系数随入射角增大而减小。可以把入射角的范围划分为三个区域:近垂直入射区、平直区和近切向入射区。在近垂直入射区,入射角随表面粗糙度的增大而减

小,波长变化影响很小;在平直区入射角的变化较缓慢,但随粗糙度的增大而增大;在切向入射区,入射角随雷达波长的减小而迅速增加。

雷达侧视角通常处在平直区内,对于平坦地区,雷达回波对侧视角变化不敏感。因此,同一类目标的雷达图像的色调,不论是出现在近距离处还是远距离处,不会有很大的变化。从这个意义上讲,侧视角的变化不是影响雷达回波的主要因素。

# 2.2　SAR 图像几何特征

## 2.2.1　斜距显示的近距离压缩

雷达图像中平行飞行航线的方向称为方位向或航迹向,垂直于航线的方向称为距离向。一般沿航迹向的比例尺是一个常量,它取决于胶片记录地物目标的卷片速度与飞机或卫星航速之比。

但是沿距离向的比例尺相对复杂,因为有两种显示方式。在斜距显示的图像上地物目标的位置由该目标到雷达的距离(斜距而不是水平距离)决定,图像上两个地物目标之间的距离为其斜距之差乘以距离向比例尺:

$$y_1 - y_2 = f(R_1 - R_2) = (R_1 - R_2)/a \qquad (2.10)$$

这里 $y_1$,$y_2$ 是两目标在图像上的横坐标,纵坐标通常为航迹向图像坐标,以 $x$ 表示,$f$ 是距离向比例尺,$a$ 为比例尺分母,它由阴极射线管上光点的扫描速度所决定。这里的距离向比例尺是相应于所说两个目标而言。由于当俯角为 $\beta$ 时,有

$$\Delta R = \Delta G \cos \beta \qquad (2.11)$$

其中,$\Delta R = R_1 - R_2$,即两目标斜距之差。

$$\Delta G = G_1 - G_2 \qquad (2.12)$$

式中,$G_1$,$G_2$ 分别为两目标到雷达天线的水平距离。于是两目标的图上距离为

$$y_1 - y_2 = f\Delta R = f\Delta G \cos \beta = \frac{f}{\sec \beta}(G_1 - G_2) = f'(G_1 - G_2) \qquad (2.13)$$

此时比例尺 $f'$ 不再是常数,俯角 $\beta$ 越大,$f'$ 越小。

图 2.5 所示为地面上相同大小的地块 A,B,C 在斜距图像和地距图像上的投影,A 是距离雷达较近的地块,但在斜距图像上却被压缩了,可见比例尺是变化的,这样就造成了图像的几何失真,这一失真的方向与航空摄影所得到的像片形变方向刚好相反,航空像片中是远距离地物被压缩。

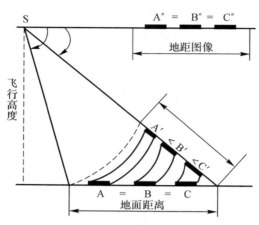

图 2.5　斜距图像近距离压缩

　　为了得到在距离向无几何失真的图像,就要采取地距显示的形式。通常在雷达显示器的扫描电路中,加延时电路补偿或在光学处理器中加几何校正,以得到地距显示的图像,图 2.5 所示的地距显示图像在距离向没有形变,不过这只是对平地图像的处理可以做到距离无失真现象,如果遇到山地,即便地距显示也不能保证图像无几何形变。

### 2.2.2　合成孔径雷达图像的透视收缩和叠掩

　　在侧视雷达图像上所量得的山坡长度按比例尺计算后总比实际长度要短,如图 2.6 所示,设雷达波束到山坡顶部,中部和底部的斜距分别为 $R_t$,$R_m$,$R_b$,坡的长度为 $L$,从图 2.6(a) 中可见,雷达波束先到达坡底,最后才到达坡顶,于是坡底先成像,坡顶后成像,山坡在斜距显示的图像上显示其长度为 $L'$,很明显 $L' < L$。而图 2.6(b) 中由于 $R_t = R_m = R_b$,坡底、坡腰和坡顶的信号同时被接收,图像上成了一个点,更无所谓坡长。图 2.6(c) 中由于坡度大,雷达波束先到坡顶,然后到山腰,最后到坡底,故 $R_b > R_m > R_t$,这时图像所显示的坡长为 $L''$,同样是 $L'' < L$,图 2.6(a) 所示图像形变称为透视收缩,图 2.6(c) 所示形变称为叠掩。

　　一般令雷达图像显示的坡长为 $L_r$,有

$$L_r = L \sin \theta \qquad (2.14)$$

　　这里 $\theta$ 为雷达波束入射角,可见当 $\theta = 90°$ 时,$L_r = L$,即波束贴着斜坡入射时,斜坡的图像显示才没有变形,其他情况下,$L_r$ 均小于 $L$。

　　入射角 $\theta$ 一般可由下式表达:

$$\theta = 90° - (\beta + \alpha) \qquad (2.15)$$

式中　$\beta$—— 俯角；

　　　$\alpha$—— 山坡坡度。

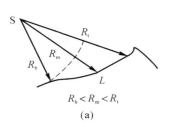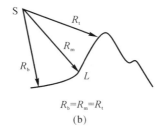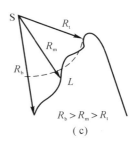

**图 2.6　斜坡的成像解译**

（a）雷达透射收缩；（b）斜坡成像为一点；（c）雷达叠拖

由图 2.7 可见,$\theta$ 角的定义通常是与山坡坡度相关的(对于某一雷达系统,$\beta$ 总是一个常数或一定的范围),由 $\theta$ 的定义可见,对同样坡度的山坡,$\beta$ 角越大,$\theta$ 角越小。于是由式(2.14),说明近距离时图像收缩更大。

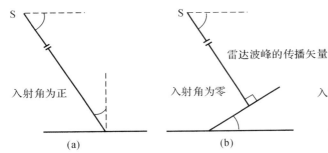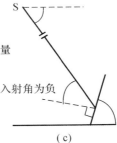

**图 2.7　地形、坡度对入射角的影响**

定义图像透视收缩比为

$$F_p = (1 - \sin \theta)\% \tag{2.16}$$

图像透视收缩比 $F_p$ 与入射角 $\theta$ 的关系由式(2.16)和表 2.2 给出。

**表 2.2　雷达图像收缩百分比($F_p$)随入射角($\theta$)的变化关系**

| $\theta$ | $F_p/(\%)$ | $\theta$ | $F_p/(\%)$ |
|---|---|---|---|
| 90° | 0.0 | 40° | 35.7 |
| 80° | 1.5 | 30° | 50.0 |
| 70° | 6.0 | 20° | 65.8 |
| 60° | 13.4 | 10° | 82.6 |
| 50° | 23.4 | 0° | 100.0 |

　　以上是考虑朝向雷达波束的坡面,即前坡的情况。背向雷达波束的坡面,称为后坡,对于同一方向的雷达波束,后坡的入射角与前坡不一样。后坡坡度与前坡相同时,图像的收缩情况不一样。表 2.3 给出了前后坡均为 15° 时,后坡与前坡图像显示的坡长比,可见图像上的后坡总是比前坡长,前坡的透视收缩严重,由于透视收缩本身表明回波能量相对集中,最集中的情况是山顶山腰山底的回波集中到一点(见图 2.7(b)),因而收缩意味着更强的回波信号,故而一般在图像上的前坡比后坡亮。

　　图 2.8 所示为图像叠掩的形成,可见山顶 D 点是与山下 C 点在图像上成像于同一点 D′,山底成像晚于山顶,这种成像与航摄像片中的成像正好相反,一般说来,当雷达波束的俯角 $\beta$ 与山坡度角 $\alpha$ 之和大于 90° 时,才会出现叠掩。表 2.4 给出了不同坡度产生叠掩的条件,可见波束入射角为负时才产生叠掩。图 2.9 所示为俯角与叠掩的关系。即俯角越大,产生叠掩的可能性越大,且叠掩多是近距离的现象,图像叠掩给判读带来困难,无论是斜距显示还是地距显示都无法克服。

表 2.3　不同俯角时的地面入射角和雷达坡度长度

| 俯角 | 雷达坡度长度 | | 坡长比(后/前) |
|---|---|---|---|
| | 前坡 | 后坡 | |
| 75° | 0 | 0.50 | ∞ |
| 65° | 0.17 | 0.64 | 3.76 |
| 55° | 0.34 | 0.77 | 2.26 |
| 45° | 0.50 | 0.87 | 1.74 |
| 35° | 0.64 | 0.94 | 1.47 |
| 25° | 0.77 | 0.98 | 1.28 |
| 15° | 0.87 | 1.00 | 1.15 |

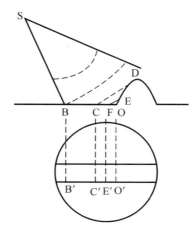

图 2.8　图像叠掩的形成

表 2.4　产生叠掩的必要条件

| 地形坡度 | $\beta$ | $\theta$ |
|---|---|---|
| $>80°$ | $10°$ | ↑ |
| $>70°$ | $20°$ | |
| $>60°$ | $30°$ | |
| $>50°$ | $40°$ | |
| $>40°$ | $50°$ | 负 |
| $>30°$ | $60°$ | |
| $>20°$ | $70°$ | |
| $>10°$ | $80°$ | ↓ |

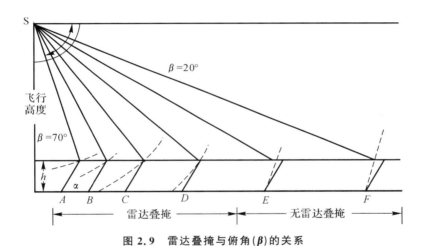

图 2.9　雷达叠掩与俯角($\beta$)的关系

## 2.2.3　雷达阴影

　　雷达波束在山区除了会造成透视收缩和叠掩外,还会对后坡形成阴影。如图 2.10 所示,在山的后坡雷达波束不能到达,因而也就不可能有回波信号。在图像上的相应位置出现暗区,没有信息。雷达阴影的形成与俯角和坡度有关。图 2.11 所示为产生阴影的条件。当背坡坡度小于俯角,即当 $\alpha < \beta$ 时,整个背坡都能接收波束,不会产生阴影。当 $\alpha = \beta$ 时,波束正好擦过背坡,这时就要看背坡的粗糙度如何,倘为平滑表面,则不可能接收到雷达波束,若有起伏,则有的地段可以产生回波,有的则产生阴影。当 $\alpha > \beta$ 时,即背坡坡度比较大时,则必然出现阴影。

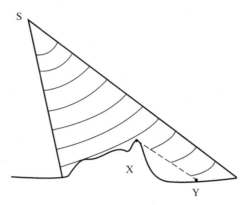

图 2.10    雷达阴影的产生

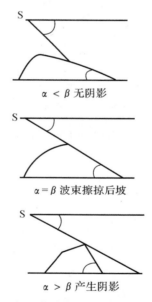

$\alpha < \beta$ 无阴影

$\alpha = \beta$ 波束擦掠后坡

$\alpha > \beta$ 产生阴影

图 2.11    背坡角对雷达图像的影响

雷达阴影的大小,与 $\beta$ 角有关,在背坡坡度一定的情况下,$\beta$ 角越小,阴影区越大,这也表明了一个趋势,即远距离地物产生阴影的可能性大,与产生叠掩的情况正好相反。

上面所述是山脊走向与雷达波束垂直时的情况。当山脊走向与航向不平行,其夹角 $\psi$ 不为零时,产生阴影的条件会发生变化。图 2.12 所示即为在不同 $\psi$ 角和不同俯角情况下会产生阴影的背坡坡度,图中虚线指示了当山脊走向与雷达波束的夹角为 40°,俯角为 40° 时,只有当背坡坡度大于 47.5° 时,才会产生阴影。

由图 2.11(c) 还可看出,斜距内的雷达阴影的长度 $S_s$,与基准面上的地物高度 $h$ 和雷达到阴影最远端的斜距 $S_r$ 以及航高 $H$ 有关,其表达式为

$$S_s = hS_r/H \tag{2.17}$$

若用俯角表示,则有

$$S_s = h/\sin\beta \tag{2.18}$$

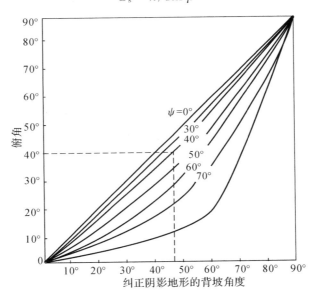

**图 2.12　航向与山脊线走向之间的夹角与产生阴影的地形背坡角度之间的关系**

这说明阴影对于了解地形地貌是十分有利的,可以根据对阴影的定量统计(如面积和长度的平均值、标准差等)和其他标准对地形进行分类。但是当阴影太多时,就会导致背坡区信息匮乏,这是它不利的一面。所以一般尽可能在起伏较大的地区避免阴影,为了补偿阴影部分丢失的信息,有必要采取多视向雷达技术,即在一视向的阴影区在另一视向正好是朝向雷达波束的那一面,前者收集不到的信息在后者那里得到补偿。

## 2.3　SAR 图像的几何变形分析

### 2.3.1　斜距投影变形

合成孔径雷达属斜距投影类型传感器,如图 2.13 所示,S 为雷达天线中心,$S_Y$ 为雷达成像面。地物点 P 的图像坐标 $y$ 是雷达波束扫描方向的图像坐标,它取决于斜距 $R_p$ 以及成像比例尺 $\lambda$,

$$\lambda = \frac{2v}{C} = \frac{f}{H} \tag{2.19}$$

式中　$v$—— 雷达成像阴极射线管上亮点的扫描速度;

　　　$C$—— 雷达波在空间的传播速度;

　　　$H$—— 传感器高度;

　　　$f$—— 等效焦距。

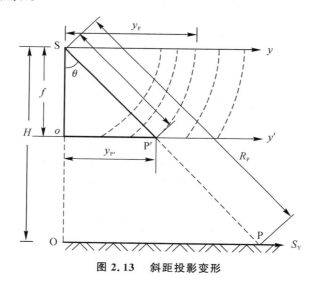

图 2.13　斜距投影变形

由于有

$$R_P = H/\cos\theta \tag{2.20}$$

于是

$$y_{\mathrm{P}} = \lambda R_{\mathrm{P}} = \lambda H / \cos \theta \qquad (2.21)$$

此外,地面点 P 在等效的中心投影图像 $oy'$ 上的成像点 P′ 的坐标 $y_{\mathrm{P'}}$ 可表示为

$$y_{\mathrm{P'}} = f \tan\theta \qquad (2.22)$$

从式(2.21)及式(2.22)可推导出雷达成像坐标和等效中心投影图像坐标间的转换关系,即

$$y = (y_{\mathrm{P'}} / \tan\theta) / \cos\theta = y_{\mathrm{P'}} / \sin\theta = y_{\mathrm{P'}} / \sin\left[\tan(y_{\mathrm{P'}} / f)\right] \qquad (2.23)$$

$$y_{\mathrm{P'}} = f \sin\theta / \cos\theta = y_{\mathrm{P}} \sin\theta = y_{\mathrm{P}} \sin\left[\arccos\left(f / y_{p}\right)\right] \qquad (2.24)$$

于是,斜距投影的变形误差为

$$\mathrm{d}y = y_{\mathrm{P}} - y_{\mathrm{P'}} = f(1 / \cos\theta - \tan\theta) = y_{\mathrm{P}}\left\{1 - \sin\left[\arccos\left(f / y_{p}\right)\right]\right\} \qquad (2.25)$$

斜距变形的图形变化如图 2.14 所示。

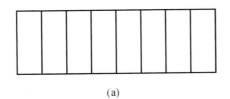 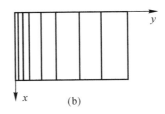

**图 2.14　成像几何形态引起的图像变形**

## 2.3.2　外方位元素变化的影响

传感器的外方位元素,即为传感器成像时的 $(X_{\mathrm{s}}, Y_{\mathrm{s}}, Z_{\mathrm{s}})$ 和姿态角 $(\varphi, \omega, \kappa)$,而对于侧视雷达而言,还应加上飞行读数 $(v_x, v_y, v_z)$。当外方位元素偏离标准位置而出现变动时,就会产生变形。这种变形的影响一般用地物点的图像坐标误差来表达,并可以通过传感器的构像方程来进行分析。

对于侧视雷达,其外方位元素对图像变形的影响比较复杂,在此仅作如下分析。

对于真实孔径雷达,它的侧向图像坐标取决于雷达天线中心到地物点之间的斜距。一般说来,传感器围绕其中心产生姿态角的变化时,并不影响斜距的变化,但是由于雷达发射波沿侧向呈现细长波瓣状(见图 2.15(a)),当雷达天线的姿态角发生变化时,其航向倾角 $\mathrm{d}\varphi$ 和方位旋角 $\mathrm{d}\kappa$ 将使雷达波瓣产生沿航向平移和指向的旋转,引起雷达对物点扫描时间上的偏移和斜距的变化,因而造成图像变形。而旁向倾角 $\mathrm{d}\omega$ 不会改变斜距,只是照射带的范围会发生变化。

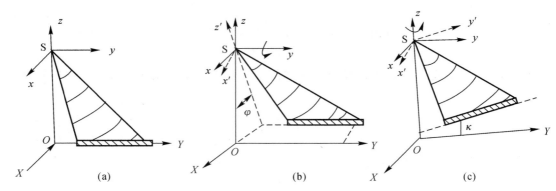

**图 2.15　真实孔径雷达姿态变化的影响**

(a)$d\varphi = d\omega = d\kappa = 0$;　(b)$d\varphi = 0$;　(c)$d\kappa = 0$

　　对于合成孔径侧视雷达,其成像过程可分为两个阶段。首先,利用雷达相干波产生全息的雷达信号图像,如图 2.16(a) 所示,然后通过光学(或数学)解码系统,将雷达信号变为实地图像(见图 2.16(b))。信号图像上记录的是一系列衍射条斑,如图 $a'a''$,$b'b''$ 等,每一条斑对应实地一个点(或一组等斜距的点),条斑中虚线段的长度及间隔在解码后决定了像点在图像上的位置。当雷达运载工具的航向矢量 $\boldsymbol{v}$ 在运行中发生变化时,条斑的形状会发生改变,从而引起图像变形。所以对于合成孔径雷达,应当把传感器的航向速度 $v = (v_x, v_y, v_z)^{\mathrm{T}}$ 也当作成像外方位元素来看待,并顾及它对图像变形的影响。

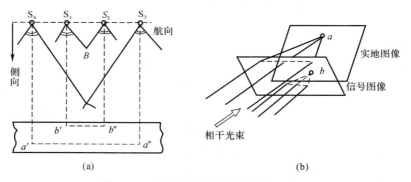

**图 2.16　合成孔径雷达的成像物理过程**

### 2.3.3　地形起伏的影响

　　地形起伏在合成孔径雷达图像上引起的像点位移情况如图 2.17 所示。设地面点 $P'$

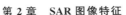

上的高程为$h$,其图像坐标为$y_{P'} = \lambda R_P$,P是P′点在地面基准面上的投影点,其斜距可近似的表达为

$$R_P \approx R_{P'} + h\cos\theta \qquad (2.26)$$

这里$\theta$是P′点的成像角。于是相应的因地形点起伏产生的位移为

$$\mathrm{d}y = y_{P'} - y_P \approx -\lambda h\cos\theta \qquad (2.27)$$

图 2.18 所示为地形起伏对中心投影图像和斜距投影图像影响的对比,地形起伏在中心投影图像上造成的像点位移是朝背离原点方向变动的,而在雷达图像上则向原点方向变动。这种投影差相反的特点,将使得对雷达图像进行立体观测时,看到的是反立体。此外,高出地面物体的雷达图像还可能带有"阴影",远景地物可能被近景地物的阴影所覆盖,这也是与中心投影图像不同之处。

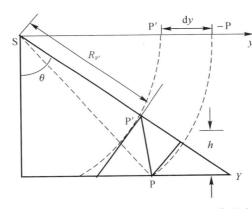

图 2.17　合成孔径雷达图像的地形起伏影响

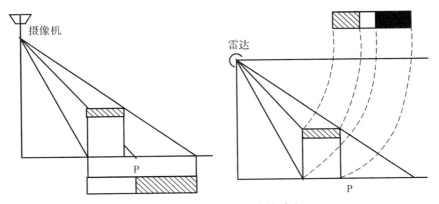

图 2.18　地形起伏影响的对比

### 2.3.4 地球曲率的影响

地球曲率引起的像点位移类似于地形起伏引起的像点位移。只要把地球表面上的点（如图 2.19 中的 P 点）到地球切平面的正射投影距离 $h$ 看作是一种地形起伏，就可以利用前面介绍的像点位移公式(2.27)来估计地球曲率所引起的像点位移。也就是说，只要把式(2.27)中的高差符号 $h$ 用 $\Delta h$ 的表达式来代替，便可获得因地球曲率产生的像点位移公式。因此下面将只讨论 $\Delta h$ 的表达式。如图 2.19 所示，设地面点到传感器与地心的连线的投影距离为 $D$，又设地球的半径为 $R_0$，则根据圆的直径与弦线交割线段间的数学关系可得

$$D^2 = (2R_0 - \Delta h)\Delta h \tag{2.28}$$

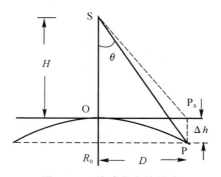

**图 2.19 地球曲率的影响**

考虑到 $\Delta h$ 相对于 $2R_0$ 是一个很小的数值，对式(2.28)简化后可得

$$\Delta h \approx D/2R_0 \tag{2.29}$$

把 $\Delta h$ 代入前述有关式中 $h$ 的位置时，需要反号，因为地球曲率总是低于切平面。

由于对中心投影传感器情况有

$$\begin{bmatrix} h_x \\ h_y \end{bmatrix} = \begin{bmatrix} -\Delta h_x \\ -\Delta h_y \end{bmatrix} = -\frac{1}{2R}\begin{bmatrix} D_x^2 \\ D_y^2 \end{bmatrix} = -\frac{1}{2R_0}\frac{H^2}{f^2}\begin{bmatrix} x^2 \\ y^2 \end{bmatrix} \tag{2.30}$$

式中 $\quad D_x = X_P - X_S, \quad D_y = Y_P - Y_S, \quad H = -(Z_P - Z_S)$

故对侧视雷达斜距投影，有

$$h_y = -\frac{H^2}{2R_0}\frac{y^2}{f^2} = -\frac{H^2}{2R_0}(\tan\theta)^2 \tag{2.31}$$

式中，$\theta$ 是相对于地面点 P 的仰角。

## 2.3.5　大气折射的影响

对于广播或电磁波的传播而言,大气层并非一个均匀的介质,因为它的密度随离地面的高度增加而递减,所以广播或电磁波在大气层中传播的折射率也随高度而变,这样使电磁波传播的路径不是一条直线而是一条曲线,故而引起了像点位移。这就是大气折射的影响。

合成孔径雷达图像是斜距投影,雷达电磁波在大气中传播时,同样会因大气折射率随高度的递减而产生路径的弯曲。但大气折射对图像的影响不是通过电磁波传播方向的改变,而是通过电磁波传播路径长度的改变以及电磁波传播时间的改变来作用的。如图 2.20 所示,在无大气折射影响下,地面点 P 的斜距为 $R$,而有大气折射时,电磁波则通过弧距 $R_c$ 到达 P 点,其等效的斜距为 $R'=R_c$,从而使图像点从 P 位移到 P′,即 $\Delta y = PP'$。显然,由于雷达波路径长度改变引起的像点位移误差为

$$\Delta y = \lambda(R' - R) \tag{2.32}$$

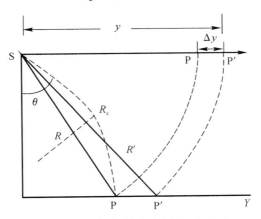

**图 2.20　大气折射对雷达图像的影响**

其中,路径的长度改变 $\Delta R = R - R'$ 可用弧长 $R_c$ 与弧长 $R$ 之差来表达。设弧长 $R_c$ 的曲率半径为 $\delta$,则

$$\Delta R = R_c - 2\delta\sin(R_c/2\delta) \approx \frac{1}{24}\frac{R^3}{\delta^2} \tag{2.33}$$

式中,$\delta$ 可用下式来估计:

$$\delta = \frac{n}{|\partial n/\partial H|\sin\theta} \tag{2.34}$$

式中,$n = 1.000\,35$,是海平面上的大气折射系数;

$\theta$——$P$ 点的成像角，$\sin \theta \approx \dfrac{f}{h}$；

$\dfrac{\partial n}{\partial H} = -4 \times 10^{-8}$，是折射率随高度变化值梯度。

把式（2.34）和式（2.33）代入式（2.32）后可得像点位移的估计公式（同时考虑到 $y = \lambda R_c$；$\lambda = f/H$），即下式：

$$\Delta y = \frac{H^2}{24}\left(\frac{4 \times 10^{-8}}{1.000\ 35}\right)^2 y \tag{2.35}$$

大气折射对电磁波传播的影响还体现在传播时间的增加上，由此引起的斜距变化为

$$\Delta R_t = R'(n' - 1) \tag{2.36}$$

式中，$n' \approx n + (H/2)(\partial n/\partial H)$，$n'$ 为大气层中的平均折射系数。

由此引起的像点位移为

$$\Delta y = \lambda \Delta R_t \approx (0.000\ 35 - 2 \times 10^{-8} H) y \tag{2.37}$$

通过式（2.35）和式（2.37）的比较计算，可发现由大气折射引起的路程变化的影响极小，可忽略不计。而时间变化的影响，不能忽略，需加以更正。

### 2.3.6 地球自转的影响

在静态传感器（例如常规摄影机）成像的情况下，地球自转不会引起图像变形，因为其整幅图像是在瞬间一次曝光成像的。地球自转主要是对动态传感器的图像产生变形影响，特别是对卫星遥感图像。当卫星由北向南运行的同时，地球表面也在由西向东自转，由于卫星图像每条扫描线的成像时间不同，因而造成扫描线在地面上的投影依次向西平移，最终使得图像发生扭曲。

图 2.21 所示为地球静止的图像（$oncba$）与地球自转的图像（$onc'b'a'$）在地面上投影的情况。由图可见，由于地球自转的影响，产生了图像底边中心点的坐标位移 $\Delta x$ 和 $\Delta y$，及平均行偏角 $\theta$。显然

$$\left.\begin{array}{l} \Delta x = bb' \sin \alpha \cdot \lambda_x \\ \Delta y = bb' \cos \alpha \cdot \lambda_y \\ \theta = \Delta y / l \end{array}\right\} \tag{2.38}$$

式中　$bb'$——地球自转引起的图像底边的中点的地面偏移；

$\alpha$——卫星运行到图像中心点位置时的航向角；

$l$——图像 $x$ 方向边长；

$\lambda_x$ 和 $\lambda_y$——图像 $x$ 和 $y$ 方向的比例尺。

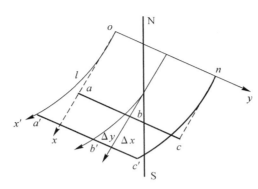

**图 2.21　地球自转的影响**

首先求 $bb'$。

设卫星从图像首行到末行的运行时间 $t$,则

$$t = \frac{l/\lambda_x}{R_e \omega_s} \qquad (2.39)$$

式中　$R_e$——地球平均曲率半径;

　　　$\omega_s$——卫星沿轨道面运行角速度。

于是

$$bb' = (R_e \cos\varphi)\omega_e t = (1/\lambda_x)(\omega_e/\omega_s)\cos\varphi \qquad (2.40)$$

式中　$\omega_e$——地球自转角速度;

　　　$\varphi$——图像底边中点的地理纬度。

然后需要确定 $\alpha$。

设卫星轨道面的偏角为 $\varepsilon$,则由图 2.22 的球面三角形 $\triangle SQP$,可见

$$\sin\alpha = \frac{\sin\varepsilon}{\cos\varphi} \qquad (2.41)$$

故而

$$\cos\alpha = \frac{\sqrt{\cos^2\varphi - \sin^2\varepsilon}}{\cos\varphi} \qquad (2.42)$$

将式(2.40)、式(2.41)和式(2.42)代入式(2.38),$l = x$(或 $y$),则得地球引起的图像变形误差公式,即

$$\left.\begin{array}{l} \Delta x = (\omega_e/\omega_s)\sin\varepsilon \cdot x \\[2mm] \Delta y = (\lambda_x/\lambda_y)(\omega_e/\omega_s)\sqrt{\cos^2\varphi - \sin^2\varepsilon} \cdot y \\[2mm] \theta = (\lambda_x/\lambda_y)(\omega_e/\omega_s)\sqrt{\cos^2\varphi - \sin^2\varepsilon} \end{array}\right\} \qquad (2.43)$$

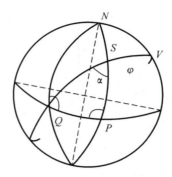

图 2.22  球面三角形 $\Delta SQP$

# 第 3 章　无人机载 SAR 图像噪声抑制

　　信号的相干性是合成孔径雷达能够提高分辨率的关键,它的一个分辨率单元内有大量散射单元。在理想情况下,这些散射单元的回波为球面波。在球面上,其幅度处处相等。由于这些散射单元处在同一分辨单元之内,合成孔径雷达是无法将他们区别开来的。合成孔径雷达接收到的信号是这些散射单元回波的矢量和。每个散射单元回波的相位与它们距传感器的距离及散射物质的特性相关,因此导致接收信号的强度并不完全由地物目标的散射系数决定,而是围绕着散射系数的值有很大的随机起伏。这使得具有均匀散射系数区域,它的 SAR 图像中并不具有均匀的灰度,仍然呈现出很强的噪声表现,这种效应称之为相干斑点效应。相干斑噪声严重地影响了图像的质量,使得 SAR 图像解译变得复杂和困难,噪声抑制是无人机载 SAR 图像处理的关键环节。

　　斑点噪声抑制技术分为两大类:一类是多视处理技术,一类是空间域滤波技术。多视处理技术即是在方位向或是距离向降低处理器带宽,从而将方位向或距离向信号的频率分割成若干段成像,然后非相干叠加,去除噪声,但是这种多视平滑技术相应地降低了方位向或距离向的分辨率。空间域滤波技术即是成像后在图像空间域里基于局部统计进行噪声平滑,目前采用较多的是空间域滤波技术,如 Lee 滤波、Frost 滤波、Kuan 滤波、Gamma MAP 滤波等。本章在传统的滤波算子基础上,提出了改进的保边缘滤波,该滤波在抑制噪声的同时能够较好地保留边缘和细节,能够提高 SAR 图像判读效果。

## 3.1　SAR 图像噪声的数学模型

### 3.1.1　数学模型

　　SAR 图像是接收到的地物反射能量强弱表现,SAR 图像中的每一个点的像素值对应着地面分辨单元的反射能量的总和。可用式(3.1)表示理想情况下接收到的功率:

$$\overline{P}_R = \frac{\overline{P}_t G^2 \lambda^2 \sigma^0 A}{(4\pi)^3 R^4} \tag{3.1}$$

式中　　$\overline{P}_t$ —— 平均发射功率;

$G$—— 发射接收增益；

$\lambda$—— 发射波长；

$\sigma^0$—— 地物单位面积的平均散射系数；

$A$—— 分辨单元的面积；

$R$——SAR 雷达与地物目标的距离。

可以看出接收到的功率与距离的四次方成反比,考虑噪声的影响有

$$P_R = \left(\frac{\overline{P}_R}{2N}\right)(Y) \qquad (3.2)$$

$P_R$ 表示接收到的实际功率,$N$ 为视数,$Y$ 服从自由度为 $2N$ 的 $\chi^2$ 分布。当视数 $N$ 较大时,可把式(3.2)改写为

$$P_R = \overline{P}_R\left(1 + \frac{Z}{\sqrt{N}}\right) \qquad (3.3)$$

式中,$Z$ 为高斯白噪声,均值为 0,方差为 1。

从式(3.3)可以看出,SAR 图像的噪声为乘性噪声,设原始图像数据为 $f(x)$,噪声为 $n(x)$,观测到的图像数据为 $g(x)$,则有

$$g(x) = f(x)n(x) \qquad (3.4)$$

如果想从观测到实际图像数据来恢复原始图像数据 $f(x)$,由于噪声是随机的,因而无法准确恢复 $f(x)$。设恢复后的图像数据为 $\overline{f}(x)$,在较大的匀质区域内,由大数定理可得 $\overline{f} = \dfrac{\overline{g}}{n}$ 在概率意义上等于 $f$。而在非匀质区域内,则需要使用其他方法来获得对 $f(x)$ 较为精确的估计。

一般认为,相干斑噪声是一个均值为常数,服从 Gamma 分布的二阶平稳随机过程,其方差与等效视数成反比,则有

$$P_L(g \mid f) = \frac{1}{\Gamma(L)}\left(\frac{L}{f}\right)^L g^{L-1} \mathrm{e}^{-\frac{Lg}{f}}, \quad R \geqslant 0 \qquad (3.5)$$

$$P_L(n) = P_L(R)/f = \frac{1}{\Gamma(L)}L^L n^{L-1} \mathrm{e}^{-Ln}, \quad n \geqslant 0 \qquad (3.6)$$

式中　$L$—— 视数；

$g$ 的均值为 1,方差为 $f^2/L$；

$n$ 的均值为 1,方差为 $1/L$。

## 3.1.2　噪声去除效果的衡量指标

一般来说,由于自适应滤波器通常对图像内容相当敏感,因此要利用客观的标准来评

价斑点噪声的性能是非常困难的。一些学者对此研究,提出了一些方法,如边缘保持指数,斑点指数等。

**1. 斑点指数**

斑点指数(Speckle Index,SI)定义如下:

$$SI = \frac{1}{MN} \sum_{m=1}^{M} \sum_{n=1}^{N} \frac{\sigma^2(m,n)}{\mu(m,n)} \tag{3.7}$$

式中,$\sigma^2$ 和 $\mu$ 是局部方差和均值。

测量图像滤波前后斑点指数,两者的比率(SIR)能够显示出斑点噪声滤波的性能。

$$SIR = \frac{SI_s}{SI_o} \tag{3.8}$$

式中　$SI_s$—— 滤波后斑点指数;

　　　$SI_o$—— 滤波前斑点指数。

斑点指数越小,说明平滑程度愈大。

**2. 边缘保持指数**

通常,进行斑点滤波时,特征的保持情况是很难量化的。但边缘保持是衡量斑点消除滤波器性能的尺度之一。通过量测图像斑点滤波前后的梯度可以评估滤波器的边缘保持能力,这里利用边缘保持指数(Edge Preservation Index,EPI)的概念来表示,可用下式表示:

$$EPI = \frac{\sum \left[ \sqrt{(p_s(i,j) - p_s(i,j+1))^2 + (p_s(i,j) - p_s(i+1,j))^2} \right]}{\sum \left[ \sqrt{(p_o(i,j) - p_o(i,j+1))^2 + (p_o(i,j) - p_o(i+1,j))^2} \right]} \tag{3.9}$$

式中　$p_s(i,j)$—— 滤波后影像的像素值;

　　　$p_o(i,j)$—— 滤波前影像的像素值。

作为边缘保持的指标,如果该值接近于 1,则说明滤波器具有较高的边缘保持力;反之,该值接近于 0,则说明滤波器具有较差的特征保持力。

**3. 信噪比**

另一个能够测试滤波效果的量化尺度是信噪比(SNR)。图像信噪比公式为式(3.10)

$$SNR = \frac{S_f}{S_n} \tag{3.10}$$

式中　$S_f$—— 未失真图像频谱密度;

　　　$S_n$—— 噪声频谱密度。

由于根据观测图像计算这两个频谱密度难以实现,因此采用以下后验估计算法求信噪比,即

$$SNR(dB) = 10\lg\left[\max(\sigma_{gl}^2(i,j))/\min(\sigma_{gl}^2(i,j))\right] \tag{3.11}$$

式中,$\max(\sigma_{gl}^2(i,j))$,$\min(\sigma_{gl}^2(i,j))$ 分别为观测图像方差 $\sigma_{gl}^2(i,j)$ 的最大值和最小值。

**4. 等效视数**

等效视数是衡量一幅 SAR 图像斑点噪声相对强度的一种指标,定义为

$$ENL = \frac{1}{MN}\sum_{m=1}^{M}\sum_{n=1}^{N}\frac{\mu^2(m,n)}{\sigma^2(m,n)} \tag{3.12}$$

式中,$\sigma^2$ 和 $\mu$ 是局部方差和均值。

等效视数表征图像上斑点的强弱程度,等效视数越大,表明图像上的斑点越弱,可解译性越好。

# 3.2　基于统计模型的 SAR 图像噪声抑制

目前噪声抑制主要是采取基于统计模型的方法,基于统计模型的方法运算简单、意义明确。早期采用传统的图像去噪方法,如中值滤波、梯度倒数加权滤波,由于 SAR 图像成像的特点,近些年发展了针对 SAR 图像噪声特性的自适应局域统计特性的滤波方法。如 Lee 滤波、Frost 滤波、Kuan 滤波以及 Gamma - MAP 滤波等,这些滤波器的共同点是,都考虑了图像的不均匀性,在图像中选取一个滑动窗口,通过计算窗口内的局部灰度统计特征(如方差和均值)来决定参与滤波的邻域像素点及其权值,其关键问题是选择合适的窗口大小以包含与中心像素点尽可能多的同质区域。

## 3.2.1　中值滤波

中值滤波由 Tukey 首先用于一维信号处理,后来很快被用到二维图像平滑中。

中值滤波是对一个滑动窗口内的诸像素灰度值排序,用其中值代替窗口中心像素的灰度值的滤波方法。它是一种非线性的平滑法,对脉冲干扰及椒盐噪声的抑制效果好,在抑制随机噪声的同时能有效保护边缘少受模糊。但它对点、线等细节较多的图像却不太合适。

例如,若一个窗口内各像素的灰度是 5,6,35,10 和 5,它们的灰度中值是 6,中心像素原灰度为 35,滤波后就变成了 6。如果 35 是一个脉冲干扰,中值滤波后将被有效抑制。相反,若 35 是有用的信号,则滤波后也会受到抑制。

图 3.1 所示为一维中值滤波的几个例子,窗口尺寸 $N=5$。由图可见,离散阶跃信号、斜升信号没有受到影响。离散三角信号的顶部则变平了。对于离散的脉冲信号,当其连

续出现的次数小于窗口尺寸的一半时,将被抑制掉,否则将不受影响。由此可见,正确选择窗口尺寸的大小是用好中值滤波器的重要环节。一般很难事先确定最佳的窗口尺寸,须通过从小窗口到大窗口的中值滤波试验,再从中选取最好的结果。

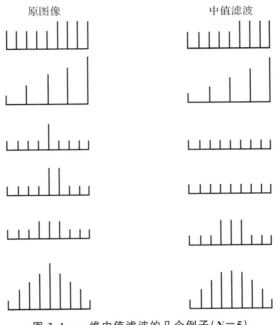

图 3.1　一维中值滤波的几个例子(N＝5)

　　一维中值滤波的概念很容易推广到二维。一般来说,二维中值滤波器比一维滤波器更能抑制噪声。二维中值滤波器的窗口形状可以有多种,如线状、方形、十字形、圆形、菱形等(见图 3.2)。不同形状的窗口产生不同的滤波效果,使用中必须根据图像的内容和不同的要求加以选择。从以往的经验看,方形或圆形窗口适宜于外廓线较长的物体图像,而十字形窗口对有尖顶角状的图像效果好。

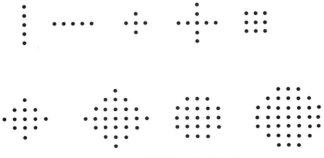

图 3.2　中值滤波器常用窗口

使用中值滤波器滤除噪声的方法有多种,且十分灵活。一种方法是先使用小尺度窗口,后逐渐加大窗口尺寸进行处理;另一种方法是一维滤波器和二维滤波器交替使用。此外还有迭代操作,就是对输入图像反复进行同样的中值滤波,直到输出不再有变化为止。

### 3.2.2　梯度倒数加权滤波

一般情况下,在同一个区域内的像素灰度变化要比在区域之间的像素灰度变化小,相邻像素灰度差的绝对值在边缘处要比区域内部的大。这里相邻像素灰度差的绝对值称为梯度。在一个 $n \times n$ 的窗口内,若把中心像素与其各相邻像素之间梯度倒数定义为各相邻像素的权,则在区域内部的相邻像素权大,而在一条边缘近旁的和位于区域外的那些相邻像素权小。那么采用加权平均值作为中心像素的输出值可使图像得到平滑,又不致使边缘和细节有明显模糊。为使平滑后像素的灰度值在原图像的灰度范围内,应采用归一化的梯度倒数作为权系数。具体算法如下:

设点 $(x,y)$ 的灰度值为 $f(x,y)$。在 $3 \times 3$ 的邻域内的像素梯度倒数为

$$g(x,y,i,j) = \frac{1}{|f(x+i,y+j)-f(x,y)|} \tag{3.13}$$

这里 $i,j = -1,0,1$,但 $i$ 和 $j$ 不能同时为 0。若 $f(x+i,y+j) = f(x,y)$,梯度为 0,则定义 $g(x,y,i,j) = 2$。因此 $g(x,y,i,j)$ 的值域为 $(0,2]$。设归一化的权矩阵为

$$\boldsymbol{W} = \begin{bmatrix} w(x-1,y-1) & w(x-1,y) & w(x-1,y+1) \\ w(x,y-1) & w(x,y) & w(x,y+1) \\ w(x+1,y-1) & w(x+1,y) & w(x+1,y+1) \end{bmatrix} \tag{3.14}$$

规定中心像素 $w(x,y) = 1/2$,其余 8 个像素权之和为 $1/2$,这样使 $w$ 各元素总和等于 1。于是有

$$w(x+i,y+j) = \frac{1}{2} \frac{g(x,y;i,j)}{\sum_i \sum_j g(x,y;i,j)} \tag{3.15}$$

用矩阵中心对准图像像素 $(x,y)$,将矩阵各元素和它所"压上"的图像像素值相乘,再求和,即求内积,就是该像素平滑后的输出 $g(x,y)$。对图像其余各像素作类似处理,就得到一幅输出图像。值得提及的是,在实际处理时,因为图像边框像素的 $3 \times 3$ 邻域会超出像幅,无法确定输出结果。为此可以采取边框像素输出结果强置为 0 或补充边框外像素的值(如取与边框像素值相同或为 0)进行处理。

### 3.2.3　Lee 滤波器

Lee 滤波主要用在图像中密度平稳的区域,在平滑这些区域上噪声的同时,以最小的

改变而保留较好的细节。Lee 滤波的基本理论:利用一个扫描窗口在图像上滑动,对于每个窗口,计算局部均值和方差,如果一个区域上的方差比较小或是一个常量,那么,将进行平滑;否则,如果变化大,将不进行平滑。由于靠近边缘的窗口的方差较大,这样就可以保留边缘。Lee 滤波假设斑点噪声是乘性的,那么 SAR 图像可以用式(3.16)的函数来近似表示:

$$\hat{f}(i,j) = m_w + W(f(i,j) - m_w) \tag{3.16}$$

式中　　$f(i,j),\hat{f}(i,j)$——滤波前后像素$(i,j)$的灰度值;

$\qquad m_w$——窗口内像素值的均值。

权重函数在下式中给出:

$$W = \sigma^2/(\sigma^2 + \rho^2) \tag{3.17}$$

$$\sigma^2 = \left[\frac{1}{N}\sum_{j=0}^{N-1}(X_j - m_w)^2\right] \tag{3.18}$$

式中　　$\sigma^2$——滤波窗口内像素值的方差;

$\qquad N$——滤波窗口的大小;

$\qquad X_j$——滤波窗口内位于$j$处的像素的值。

参数$\rho^2$是图像的噪声,如式(3.19)所示。

$$\rho^2 = \left[\frac{1}{M}\sum_{i=0}^{M-1}(X_i - m_i)^2\right] \tag{3.19}$$

式中　　$M$——图像的大小;

$\qquad m_i$——整幅图像均值;

$\qquad X_i$——像素灰度值。

Lee 滤波实用公式见下式:

$$\hat{x} = m_w + \frac{\sigma_x^2}{\sigma_x^2 + \sigma_v^2 m_w^2}(x - m_w) \tag{3.20}$$

式中　　$\hat{x}$——窗口中心像素的滤波值;

$\qquad x$——窗口中心像素的原始值;

$\quad \sigma_x,\sigma_v$——窗口和整幅图像的方差。

Lee 滤波的主要缺点是它为了保护边缘而忽略边缘附近的斑点噪声。

## 3.2.4　Kuan 滤波器

Kuan 滤波没有模拟滤波窗口内噪声变化,而是将斑点噪声的乘性模拟成加性线性模式,但是它依赖于 SAR 图像的等效视数来确定不同的权重函数 $W$ 来滤波,$W$ 计算公式为

$$W = (1 - C_u/C_i)(1 + C_u) \tag{3.21}$$

权重函数通过估算影像的噪声方差系数来计算，$C_u$ 定义见下式：

$$C_u = \sqrt{1/\text{ENL}} \tag{3.22}$$

$$\text{ENL} = \frac{m_i^2}{\sigma_i^2} \tag{3.23}$$

$C_i$ 是给定图像的变化系数，见下式：

$$C_i = \sigma/m_w \tag{3.24}$$

Kuan 滤波的实用公式如下：

$$\hat{x} = m_w + \frac{\sigma_x^2}{\sigma_x^2 + \sigma_v(\sigma_x^2 + m_w^2)}(x - m_w) \tag{3.25}$$

### 3.2.5　Frost 滤波器

Frost 滤波采用指数权重因子 $M$ 来模拟窗口内噪声变化，$M$ 计算公式为

$$M(i,j) = e^{(-(D_p(\sigma/m_w)^2)T)} \tag{3.26}$$

权重因子随着滤波窗口内的变化减小而下降。$D_p$ 是图像衰减因子，衰减值越大，衰减效果越严重。特别是当 $D_p = 1$ 时。$T$ 是滤波窗口内中心像素到其周围像素的像素距离绝对值。Frost 滤波公式如下：

$$\hat{f}(i,j) = \frac{\sum f(i,j)M(i,j)}{\sum M(i,j)} \tag{3.27}$$

Frost 滤波的参数通过每个区域内的局部变化来调整。如果变化越小，滤波导致的平滑越大；同时在变化较大的区域，平滑较小，从而在一定程度上保护了边缘。

# 3.3　保持边缘的噪声抑制方法

从前面针对 SAR 图像的去噪方法中可以看出，传统的 Lee 等滤波器是将边缘定义为一个区域或者一条线，而在实际的 SAR 图像中，边缘对应地物后向散射系数距离变化的区域，边缘保持是保持边缘区域变化趋势，也就是保持边缘区域的梯度。仅仅从区域角度考虑去噪往往损失图像的部分边缘和细节，本书提出了结合边缘检测的思想进行噪声抑制的方法，该方法更好地保持了 SAR 图像边缘。

## 3.3.1　ROA 算子

ROA 算子是一种计算相邻两区域的均值比来确定目标像素是否为边界点的算法,算法通过比较四个或者八个方向的相邻区域来完成,如图 3.3 所示,其中黑色点为中心像素,坐标为 $(x,y)$。当窗口在图像上滑动时,将窗口对称地分为两个区域 $R_1$ 和 $R_2$,分别计算两个区域内图像均值 $\mu_1$ 和 $\mu_2$,计算式如下:

$$r = \min \left( \frac{\mu_1}{\mu_2}, \frac{\mu_2}{\mu_1} \right) \tag{3.28}$$

若窗口位于图像中的均匀区域,则 $r$ 值接近 1;当窗口中心位于不同区域的交界处时,由于两个区域的统计特性不同,$r$ 值将小于 1,值越小,说明区域差异越大,窗口位于边缘处的可能性越大,因此可以设定门限值,当 $r$ 小于某一值 $T$ 时,判定窗口中心位于边缘处,否则不是边缘。

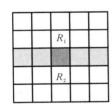 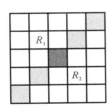 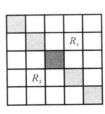 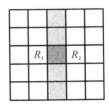

**图 3.3　ROA 算子邻域示意图**

## 3.3.2　MSP‐ROA 算子

MSP‐ROA(the Maximum Strength Edge Pruning Ratio of Averages)是一种基于比率边缘算子并具有裁剪功能的算法,它能有效地把边缘的方向信息运用到候选边缘像素的裁减中。比率边缘算子 ROA 通过计算图像中感兴趣的像素邻近的且互不重叠的两个区域的灰度比值来估计边缘,这两个区域选择在以感兴趣像素为中心的对称位置。设定两个区域分别为 $P$ 和 $Q$,定义 $P_i$ 为 $P$ 区域方向 $i$ 的平均像素灰度值,$Q_i$ 为 $Q$ 区域方向 $i$ 的平均像素灰度值。对于方向 $i$ 比率边缘记为

$$R_i = \min \left( P_i/Q_i, Q_i/P_i \right) \tag{3.29}$$

最后的比率边缘为

$$R = \min(R_1, R_2, R_3, R_4) \tag{3.30}$$

根据这些定义,边缘长度 $R$ 介于 $0 \sim 1$ 之间。

对于感兴趣像素,用矩阵 $M(R, O)$ 存储比率大小信息 $(R)$ 和方向信息 $(O)$。比率 $R$ 取四个方向的最小值,方向 $i$ 就是这个最小比率值对应的方向,用 $O$ 表示。比率阈值 $T_r$,满足条件 $R \leqslant T_r$ 的像素就成为候选边缘像素。

裁剪的过程为对于已经满足条件的候选点,使用限制条件。设定一个直径为 $(2d-1) \times 1$ 的子窗口 D,子窗口中心即是候选边缘像素点,窗口的方向垂直于该候选点检测出来的方向 $O$。这个子窗口包含候选点,同时包含垂直于方向 $O$ 的位于候选点邻近两边的像素。用与 $ROA$ 算子中计算比率边缘相同的方法计算子窗口 D 的比率边缘 r,将其作为度量值 $R_{min}$。如果候选点的边缘长度 R 与 $R_{min}$ 很近似,该像素点就得到保留,否则,将其从候选点中删除。

MSP - ROA 算子的主要步骤:

(1) ROA 算子检测,图像中的每一点都对应一个矢量 $[R, O]$,$R$ 为比率值,$O$ 为方向;

(2) 若 $R \leqslant T_r$,那么该点作为候选边缘点;

(3) 定义一个矢量子窗口 D 来确认此点是否为边缘点,窗口的方向垂直于当前候选边缘点的边缘方向。如果当前点所对应的比率值 $R$ 是子窗口 D 中所有点的比率值 $R$ 中最小的一个,那么该点被确认为边缘点,否则不是。

### 3.3.3 保持边缘的噪声抑制

从前面的分析可以看出,Lee,Kuan 和 Frost 斑点噪声滤波器通过考虑中心像素周围像素的平均值的方法来进行。考虑到中值滤波的简单性和保护边缘的能力,以及对脉冲噪声的稳健性,中值滤波被许多图像处理应用所保留。当然,中值滤波具有一些缺点,诸如会丢失一些细部特征。为此,在近几年里,一些学者对中值类型的滤波进行改进,诸如多阶段中值和权重中值等,用来克服这些缺点。

Paul M. Dare 认为,在一些滤波算法诸如 Sigma 滤波、最相似邻近滤波和 K -均值滤波处理过程中,用中值来代替均值可以取得更好的边缘保持力(Paul M. Dare,1999)。因此在滤波计算中用中值代替均值。

从 3.3.1 节的和 3.3.2 节的分析可知:MSP - ROA 利用了区域的强度均值,降低了由于斑点噪声引起的单个像素的强度波动,能够较好地解决边缘探测问题。综合以上,提出了基于 MSP - ROA 算子的保持边缘噪声抑制方法,该方法主要可以归纳为三个过程:

**1. 边缘检测**

采用 MSP-ROA 算子对 SAR 图像进行边缘检测,设标志数组为 flag[x],若处理中心点为边缘点,则 flag[x]=1;否则 flag[x]=0。

**2. 形态学滤波处理**

基于数学形态学的腐蚀和膨胀处理算法,进行先膨胀后腐蚀的处理过程(即闭运算),闭运算的目的是将边缘的部分断裂处闭合。然后设定长度阈值,检测整幅图像,滤除掉长度小于阈值的虚警边缘。

**3. 噪声滤波处理**

对整幅图像进行滤波处理,滤波采用 Lee 或 Kuan 滤波器,滤波计算时中值代替均值,采用 Lee 滤波器时,如下式所示:

$$\hat{x} = m_{\text{mid}} + \frac{\sigma_x^2}{\sigma_x^2 + \sigma_v m_{\text{mid}}^2}(x - m_{\text{mid}}) \tag{3.31}$$

式中　$\hat{x}$——窗口中心像素的新值;

　　　$x$——窗口中心像素的原始值;

　　$\sigma_x$,$\sigma_v$——窗口和整幅图像的方差;

　　$m_{\text{mid}}$——窗口图像的中值。

采用 Kuan 滤波器时,如下式所示:

$$\hat{x} = m_{\text{mid}} + \frac{\sigma_x^2}{\sigma_x^2 + \sigma_v(\sigma_x^2 + m_{\text{mid}}^2)}(x - m_{\text{mid}}) \tag{3.32}$$

式中各符号含义同式(3.31)。

# 3.4　试验与结果分析

**试验 1**:保持边缘去噪算法与传统方法比较。

图 3.4 所示为一幅原始的机载 SAR 图像;图 3.5 所示为 Frost 滤波结果图像,窗口大小为 3×3;图 3.6 所示为 Lee 滤波结果图像,窗口大小为 3×3;图 3.7 所示为 Kuan 滤波结果图像,窗口大小为 3×3;图 3.8 所示为中值滤波结果图像,窗口大小为 3×3;图 3.9 所示为 MSP-ROA 检测边缘图;图 3.10 所示为提出的保持边缘滤波结果图像,ROA 窗口长度为 5,检测窗口长度为 5,滤波窗口大小为 3,长度阈值为 2,ROA 比率阈值为 0.7。

表 3.1 列出了部分评价指标数据。

图 3.4    原始机载 SAR 图像

图 3.5    Frost 滤波结果图像

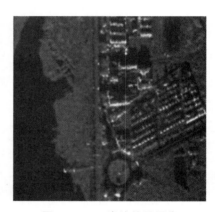

图 3.6    Lee 滤波结果图像

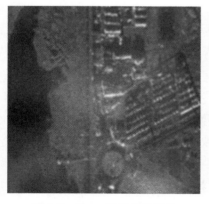

图 3.7    Kuan 滤波结果图像

图 3.8    中值滤波结果图像

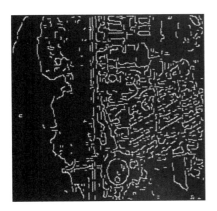

图 3.9　边缘检测图

图 3.10　保持边缘去噪算法结果图像

表 3.1　不同去噪方法评价指标数据

| 方法 | 边缘保持指数 | 去噪前斑点指数 | 去噪后斑点指数 | 斑点指数比值 | 去噪前等效视数 | 去噪后等效视数 | 等效视数比值 |
|---|---|---|---|---|---|---|---|
| Frost 滤波 | 0.508 | 4.154 | 1.551 | 0.373 | 98.494 | 114.863 | 1.166 |
| Lee 滤波 | 0.551 | 4.154 | 1.893 | 0.455 | 98.494 | 111.355 | 1.130 |
| Kuan 滤波 | 0.494 | 4.154 | 1.396 | 0.336 | 98.494 | 117.281 | 1.190 |
| 中值滤波 | 0.529 | 4.154 | 1.817 | 0.437 | 98.494 | 110.486 | 1.121 |
| 保持边缘滤波 | 0.639 | 4.154 | 2.578 | 0.620 | 98.494 | 100.092 | 1.016 |

**试验 2**:不同的 ROA 算子阈值对保持边缘去噪算法的影响。

选用不同的 ROA 算子阈值对原始图像进行滤波处理,获取评价指标数据如表 3.2 所示,ROA 窗口长度为 3,检测窗口长度为 3,滤波窗口大小为 3,长度阈值为 2,图 3.11 所示为阈值为 0.6 处理结果图像,图 3.12 所示为阈值为 0.85 处理结果图像。

表 3.2　不同的 ROA 算子阈值去噪评价指标数据

| 阈值 | 边缘保持指数 | 去噪前斑点指数 | 去噪后斑点指数 | 斑点指数比值 | 去噪前等效视数 | 去噪后等效视数 | 等效视数比值 |
|---|---|---|---|---|---|---|---|
| 0.6 | 0.603 | 4.154 | 2.423 | 0.583 | 98.494 | 100.243 | 1.017 |
| 0.65 | 0.607 | 4.154 | 2.443 | 0.588 | 98.494 | 100.215 | 1.017 |
| 0.7 | 0.612 | 4.154 | 2.458 | 0.591 | 98.494 | 100.175 | 1.017 |
| 0.75 | 0.615 | 4.154 | 2.468 | 0.594 | 98.494 | 100.151 | 1.016 |
| 0.8 | 0.619 | 4.154 | 2.477 | 0.596 | 98.494 | 100.113 | 1.016 |

综合两个试验,从处理图像和结果数据可以得出:

(1)保持边缘去噪算法在去噪过程中较好地保持了图像的边缘和细节,从去噪边缘保持指数(EPI)来看,较传统算法有较大的提高,从图像上也可以直观地看出边缘平滑效应明显减小。

(2)分析边缘检测图 3.9 可知,该算法具有较强的细化功能,同时边缘定位比较准确,检测算法对于阶跃边缘的效果更好。

(3)与传统(如 Lee 算法)去噪算法相比,保持边缘去噪算法在保持边缘和细节的同时,图像等效视数和斑点指数两个指标略有降低,分析原因是主要由于保持边缘同时降低了图像平滑程度,但是从数据可以看出,与原始图像相比,算法均具有较好的平滑效应。

(4)ROA 检测阈值对去噪具有一定的影响,阈值的设定与 SAR 图像的分辨率以及图像后期处理需要有关,一般设定在 0.6～0.7 即可满足处理要求。

图 3.11  阈值为 0.6 处理结果图          图 3.12  阈值为 0.85 处理结果图

# 3.5  本 章 小 结

本章介绍了 SAR 图像去噪的意义以及 SAR 去噪评价指标,着重分析了几种常用的 SAR 去噪方法(Lee 滤波、Frost 滤波、Kuan 滤波)的原理,传统的滤波器是将边缘定义为一个区域或者一条线,而在实际的 SAR 图像中,边缘对应地物后向散射系数距离变化的区域,因此保持边缘的去噪方法必须充分考虑到边缘区域变化趋势,也就是保持边缘区域的梯度。本章在引入 ROA 算子的基础上,提出了保持边缘的去噪方法,该方法首先采用 MSP – ROA 算子进行边缘检测;其次进行形态学滤波处理,滤除掉部分虚警边缘;最后采用对整幅图像进行滤波处理,滤波计算时用中值代替均值。试验表明该算法在去噪过程中较好地保持了图像的边缘和细节,同时具有较好的平滑效应。

# 第4章 无人机载 SAR 图像配准

无人机载 SAR 图像配准是无人机信息提取中必不可少的一个基本环节,配准后的图像可以用来进行多幅图像镶嵌、对比分析、动态监测、揭露伪装等图像分析与信息提取使用;图像配准的精度影响后续处理工作的质量,图像配准的自动化程度影响无人机信息提取的速度和情报处理的时效性。本章的图像配准研究主要对象是 SAR 图像与 SAR 图像配准和 SAR 图像与可见光图像配准。

## 4.1 图 像 配 准

### 4.1.1 图像配准定义

图像配准是一个计算机视觉问题,同时也是数字摄影测量问题。图像配准可以定义为两幅图像在空间和灰度上的映射。如果用给定尺寸的二维矩阵 $I_1$ 和 $I_2$ 代表两幅图像,$I_1(x,y)$ 和 $I_2(x,y)$ 分别表示相应位置 $(x,y)$ 处的灰度值,则图像间的映射可表示为

$$I_2(x,y) = g(I_1(f(x,y)))  \tag{4.1}$$

式中,$f$ 表示一个二维空间坐标变换。

### 4.1.2 图像配准方法

所有图像配准方法都可以归纳为对以下三个元素的选择问题,即特征空间、相似性准则和搜索策略。特征空间从图像中提取用于配准的信息,搜索策略是指完成匹配计算所采用的方式,相似性准则决定配准的相对价值,然后基于这一结果继续搜索直到找到能使相似性度量有令人满意结果的图像转换方式。根据图像配准的这三个基本元素选择的区别,也产生了对各种具体的图像配准技术的不同分类方法,从目前大多数学者关于图像配准的研究可以看出,图像配准主要分为基于区域的图像配准方法和基于特征的图像配准方法。

**1. 基于区域的图像配准**

利用两幅图像的某种统计信息作为相似性判别标准,采用适当的搜索算法得到令相似性判别标准最大化的图像转换形式,以达到图像配准的目的。这是最早发展出来的图像配准技术,其使用的图像全局统计信息多是基于像素灰度得来的。这种方法的主要特点是实现简单,但应用范围较窄,不能直接用于校正图像的非线性形变,在最优变换的搜索过程中往往需要巨大的运算量。

(1) 相似度准则。在区域的图像配准中,相似度准则有相关函数、协方差函数、相关系数等,常用的是相关系数,见下式:

$$\rho(c,r) = \frac{\sum_{i=1}^{m}\sum_{j=1}^{n}(g_{i,j}-\overline{g})(g'_{i+r,j+c}-\overline{g}'_{r,c})}{\sqrt{\sum_{i=1}^{m}\sum_{j=1}^{n}(g_{i,j}-\overline{g})^2 \sum_{i=1}^{m}\sum_{j=1}^{n}(g'_{i+r,j+c}-\overline{g}'_{r,c})^2}} \qquad (4.2)$$

式中　　$g_{i,j}$ —— 基准图像;

$g'_{i,j}$ —— 待配准图像;

$\rho(c,r)$ —— 相关系数值;

$$\overline{g} = \frac{1}{mn}\sum_{i=1}^{m}\sum_{j=1}^{n}g_{i,j}$$

$$\overline{g}'_{r,c} = \frac{1}{mn}\sum_{i=1}^{m}\sum_{j=1}^{n}g'_{i+r,j+c}$$

若 $\rho(p_0,q_0) > \rho(p,q)(p \neq p_0, q \neq q_0)$,则 $p_0,q_0$ 为待配准图像相对于基准图像的位移参数。

由于相关系数是标准化协方差函数,因而当目标图像的灰度与搜索图像的灰度之间存在线性畸变时,仍然能较好地评价它们之间的相似性程度,相关系数是评价两幅图像灰度矢量线性相关的程度。

除了直接基于区域灰度相似性算法以外,还有基于区域的灰度统计信息的相似性算法,基于交互信息原理的配准方法就是利用灰度统计信息的方法之一,这类方法利用交互信息的相似性作为配准原则。

(2) 搜索策略。限制基于区域的图像配准算法的最大难题是计算量问题,搜索策略的好坏直接决定配准的计算量,从不同的出发点考虑有不同的搜索策略以提高配准速度,序贯相似性检测法和变分辨率相关算法就是从搜索策略上出发提出的两种提高配准速度的算法。

1) 序贯相似性检测法(SSDA)。这是一种有效的快速算法,运算速度可以达到数量级的提高,基本原理如下:

在 $t_1(x,y)$ 与 $t_2(x,y)$ 进行匹配的窗口内,按像素逐个累加误差:

$$\varepsilon(x,y) = \sum_j \sum_k \mid t_1(j,k) - t_2(j+x,k+y) \mid \tag{4.3}$$

如果在窗口内全部点被检验完之前该误差很快就达到预定的门限值,便认为该窗口位置不是匹配点,无须检验窗口内的剩余点,而转向计算下一窗口位置,从而节省大量的在非匹配位置处的无用运算量;如果在窗口内误差累积值上升很慢,便记录累加的总点数,当检验完毕,取最大累加点的窗口位置为匹配点。

序贯相似性检测算法的要点:

a.定义绝对误差值为

$$\varepsilon(i,j,m_k,n_k) = \mid S^{ij}(m_k,n_k) - \hat{S}(i,j) - T(m_k,n_k) + \hat{T} \mid \tag{4.4}$$

b.取一不变阈值 $T_k$;

c.在实时图像中随机选取像点,计算它和基准图像中对应点的误差值,然后将该差值与其他点对的差值累加起来,当累加 $r$ 次误差超过阈值,则停止累加,并记下次数 $r$。

定义 SSDA 的检测曲面为

$$I(i,j) = \left\{ r \mid \max \left[ \sum_{k=1}^{r} \varepsilon(i,j,m_k,n_k) \geqslant T_k \right] \right\}, \quad 1 \leqslant r \leqslant m^2 \tag{4.5}$$

d.把 $I(i,j)$ 值大的 $(i,j)$ 点作为匹配点。

2)变分辨率相关算法。在变灰度级相关算法中,相关运算是按灰度级的分层由粗到细进行的。以此类推,所谓变分辨率相关算法就是将相关运算从粗的空间分辨率到细的空间分辨率逐步进行的。

具体做法如下:

第一步,产生变分辨率的图像塔形结构。塔形结构可以采用 $2 \times 2$ 区域进行平均,也可以采用 $3 \times 3$ 区域进行平均,逐步对所得到的图像进行处理,从而得到一个塔形图像序列,对基准图像和待配准图像均作上述处理。

第二步,逐层进行相关运算。从塔形结构的最高层开始,将基准图像和待配准图像进行相关运算,因为此时图像的像素很少,运算量很小。在此层作粗分辨率相关时,可排除掉明显的不匹配位置,得到一定数量的候选匹配点,逐层进行相关运算,最终找到最佳匹配点位置。

变分辨率相关算法是通过减少每个窗口的相关运算量来提高匹配速度的。

**2. 基于特征的图像配准**

基于特征的图像配准在计算机视觉中,也称为基于图元的配准,是图像配准中比较重要的一种方法,对于不同特性的图像,选择图像中容易提取并能够在一定程度上代表待配准图像相似性的特征作为配准依据。基于特征的方法在图像配准方法中具有较强的适应性,而根据特征选择和特征匹配方法的不同所衍生的具体配准方法也是多样的。

　　图像中的特征可分为内在特征和外在特征。内在特征是人为设置于图像内专门用于图像配准的标志,它与图像数据无关且容易辨认。但为了配准图像人工设置标志要耗费大量人力物力,在大数据量自动化配准应用中也是无法实现的。外在特征是由图像数据中利用某种方法提取出来的特征,这种特征提取只是一个数字图像处理过程,自动化程度和代价均优于前者,如果特征选择得合适也能取得较好的配准效果。一般在基于特征的方法中,特征指的是外在特征。

　　基于特征的图像配准主要利用图像灰度的急剧变化而形成的点、线、面的特征。特征匹配可分为以下四个过程如图 4.1 所示。

**图 4.1　基于特征的图像配准过程**

　　(1)特征提取:可以利用点特征、线特征、面特征提取的方法进行特征提取,形成边缘特征或者区域特征,作为特征匹配的基础。

　　(2)特征构成:在完成了特征提取过程之后,得到的只是离散点,并没有构成边缘特征,需要对其进行跟踪,以构成基本的形状特征——独立点、边缘和区域。

　　(3)特征描述:在三个基本形状特征中,边缘是最基本的特征,边缘可以构成区域,也可以退化为独立点,边缘一般是通过参数来描述的。

　　(4)参数匹配:利用特征描述的参数实现匹配。

## 4.1.3　无人机载 SAR 图像配准

　　从无人机图像信息处理应用角度来说,本书对无人机载 SAR 图像配准的研究主要分为两个方向,即无人机载 SAR 图像与无人机航空像片的配准、无人机载 SAR 图像之间的配准。

　　无人机载 SAR 图像与无人机航空像片的配准属于 SAR 图像与光学图像配准的范畴,基于区域的配准方法适用于光谱特征相似的图像之间的配准,对于电磁谱段不同、图像灰度特征不同的 SAR 图像和光学图像之间的配准并不适用,因此,需要使用基于特征的配准方法。

　　无人机载 SAR 图像之间的配准在原理上可以采用基于区域的配准方法,但是需要配准的图像往往具有不同的分辨率、不同的入射角、不同的视角或者不同的极化、不同的时段、不同的天气、不同的雷达波段、不同的 SAR 载体以及不同的工作模式,这样来源于同一雷达照射场景的图像会有不同的图像表现。在图像配准意义上来讲,图像中的同一目标会存在尺度不一致,或者扭曲、旋转,或者表现出变化的图像强度,整体图像的目标布局也可能不一致。

综上所述,传统利用灰度统计特征作为特征提取原则的基于区域的配准方法对 SAR 图像(特别是分辨率较高的机载 SAR 图像)难以取得满意的效果,为此,本书提出了两种适合无人机载 SAR 图像配准用的特征配准方法。

# 4.2　特　征　提　取

## 4.2.1　点特征提取

点特征主要指明显点,如角点、圆点等,表现在图像上如房屋的角点、道路交叉口等等。提取点特征的算法称为兴趣算子(interest operator)或有利算子,即运用某种算法从图像中提取感兴趣的点。

### 1. Moravec 算子

该算子是 Moravec 提出的利用灰度方差提取点特征的算子,其步骤为:

(1) 计算各像元的兴趣值。以像素$(c,r)$为中心的 $w \times w$ 的图像窗口中,计算如图 4.2 所示的四个方向的相邻像素灰度差的平方和:

$$
\left.
\begin{aligned}
V_1 &= \sum_{i=-k}^{k-1} (g_{c+i,r} - g_{c+i+1,r})^2 \\
V_2 &= \sum_{i=-k}^{k-1} (g_{c+i,r+i} - g_{c+i+1,r+i+1})^2 \\
V_3 &= \sum_{i=-k}^{k-1} (g_{c,r+i} - g_{c,r+i+1})^2 \\
V_4 &= \sum_{i=-k}^{k-1} (g_{c+i,r-i} - g_{c+i+1,r-i-1})^2
\end{aligned}
\right\}
\tag{4.6}
$$

其中,$k = \text{INT}(w/2)$。取其中最小者作为该像素$(c,r)$的兴趣值,即

$$
\text{IV}_{c,r} = \min\{V_1, V_2, V_3, V_4\}
\tag{4.7}
$$

(2)给定一经验值,将兴趣值大于该阈值的点作为候选点。阈值的选择应以候选点中包含所需要的特征点而又不含过多的非特征点为原则。

(3)选取候选点中的极值点作为特征点。在一定的窗口内,将候选点中兴趣值不是最

大者均去掉,仅留下一个兴趣值最大者,该像素即为一个特征点。

综上所述,Moravec 算子是在四个主要方向上,选择具有最大–最小灰度方差的点作为特征点。

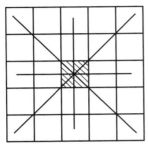　　　　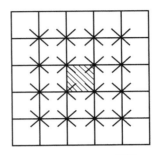

图 4.2　Moravec 算子　　　　　图 4.3　Förstner 算子

**2. Förstner 算子**

该算子实质是一个加权算子,它是通过计算各像素的 Robert 梯度和像素$(c,r)$为中心的一个窗口的灰度协方差矩阵,在图像中寻找具有尽可能小而接近圆的误差椭圆的点作为特征点。其步骤:

(1)计算各像素的 Robert 梯度(见图 4.3)。

$$\left.\begin{array}{l} g_u = \dfrac{\partial g}{\partial u} = g_{i+1,j+1} - g_{i,j} \\[2mm] g_v = \dfrac{\partial g}{\partial v} = g_{i,j+1} - g_{i+1,j} \end{array}\right\} \tag{4.8}$$

(2)计算 $l \times l$ 窗口中灰度的协方差矩阵。

$$\boldsymbol{Q} = \boldsymbol{N}^{-1} = \begin{bmatrix} \sum g_u^2 & \sum g_u g_v \\[2mm] \sum g_u g_v & \sum g_v^2 \end{bmatrix}^{-1} \tag{4.9}$$

式中

$$\sum g_u^2 = \sum_{j=c-k}^{c+k-1} \sum_{i=r-k}^{r+k-1} (g_{i+1,j+1} - g_{i,j})^2$$

$$\sum g_v^2 = \sum_{j=c-k}^{c+k-1} \sum_{i=r-k}^{r+k-1} (g_{i,j+1} - g_{i+1,j})^2$$

$$\sum g_u g_v = \sum_{j=c-k}^{c+k-1} \sum_{i=r-k}^{r+k-1} (g_{i+1,j+1} - g_{i,j})(g_{i,j+1} - g_{i+1,j})$$

(3)计算兴趣值 $q$ 与 $w$。

$$q = \frac{4\det(\boldsymbol{N})}{(\mathrm{tr}^2 \boldsymbol{N})} \tag{4.10}$$

$$w = \frac{1}{\text{tr}(\boldsymbol{Q})} = \frac{\det(\boldsymbol{N})}{\text{tr}(\boldsymbol{N})} \tag{4.11}$$

式中,$\det(\boldsymbol{N})$ 代表矩阵 $\boldsymbol{N}$ 的行列式;$\text{tr}(\boldsymbol{N})$ 代表矩阵 $\boldsymbol{N}$ 的迹。

可以证明,$q$ 即像素$(c,r)$ 对应误差椭圆的圆度:

$$q = 1 - \frac{(a^2 - b^2)^2}{(a^2 + b^2)^2} \tag{4.12}$$

式中,$a$ 与 $b$ 为椭圆长短半轴。如果 $a,b$ 中任一个为零,则 $q=0$,表明该点可能位于边缘上;如果 $a=b$,则 $q=1$,表明为一圆。$w$ 为该像元的权。

(4)确定待选点。如果兴趣值大于给定的阈值,则该像元为待选点。阈值为经验值,可参考下列值:

$$\left. \begin{array}{l} T_q = 0.5 \sim 0.75 \\ T_w = \begin{cases} f\overline{w} & (f = 0.5 \sim 1.5) \\ c\overline{w}_c & (c = 5) \end{cases} \end{array} \right\} \tag{4.13}$$

式中　　$\overline{w}$——权平均值;

　　　　$w_c$——权的中值。

当 $q > T_q$ 同时 $w > T_w$ 时,该像元为待选点。

(5)选取极值点。以权值为依据,选择极值点,即在一个适当窗口中选择 $w$ 最大的待选点而去掉其余的点。

### 3. Harris 算子

Harris 算子在 Moravec 算子的基础上进行了改进,形成了 Harris 特征点检测算法。它与 Moravec 方法的主要不同在于用一阶偏导数来描述亮度变化,这种算子受信号处理中自相关函数的启发,给出与自相关函数相联系的矩阵 $\boldsymbol{M},\boldsymbol{M}$ 的特征值反映了局部互相关曲率。

由于 Moravec 算子存在一些问题,Harris 等人给出了相应的解决措施。

(1)Moravec 算子在计算像素点的非正则化自相关值时只考虑了像素点的八个方向(每隔 $45°$ 取一个方向)。可以通过将区域变化式 $E$ 扩展,将所有方向小的偏移表现出来:

$$E_{x,y} = \sum_{u,v} W_{u,v} \left[ I_{x+u,y+v} - I_{u,v} \right]^2 = \sum_{u,v} W_{u,v} \left[ xX + yY + O(x^2 + y^2) \right]^2 \tag{4.14}$$

这里一阶微分可以由下面的式子近似:

$$\left. \begin{array}{l} \boldsymbol{X} = I \otimes (-1,0,1) = \dfrac{\partial I}{\partial x} \\ \boldsymbol{Y} = I \otimes (-1,0,1)^{\text{T}} = \dfrac{\partial I}{\partial y} \end{array} \right\} \tag{4.15}$$

因此,对于小的偏移,变化 $E$ 能够写成

$$E_{x,y} = Ax^2 + 2Cxy + By^2 \tag{4.16}$$

式中　　$A = X^2 \otimes W$

　　　　$B = Y^2 \otimes W$

　　　　$C = (XY) \otimes W$

（2）Moravec 算子没有对图像进行降噪处理，所以响应对噪声敏感。可以使用平滑的圆形窗口先对图像进行预处理来降低噪声影响，如高斯窗口

$$W_{u,v} = e^{-\frac{u^2+v^2}{2\sigma^2}} \tag{4.17}$$

（3）因为仅仅考虑了 $E$ 的最小值，所以 Moravec 算子对边缘响应很敏感。解决方法：重新定义特征点准则。对于小的偏移 $(x,y)$，变化 $E$ 能够精确地写成

$$E(x,y) = (x,y)\boldsymbol{M}(x,y)^{\mathrm{T}} \tag{4.18}$$

这里 $2 \times 2$ 的矩阵 $\boldsymbol{M}$ 为

$$\boldsymbol{M} = \begin{bmatrix} A & C \\ C & B \end{bmatrix} \tag{4.19}$$

可以看出，变化 $E$ 和局部自相关函数联系非常紧密，矩阵 $\boldsymbol{M}$ 描述了 $E$ 在原点的形状。设 $\alpha,\beta$ 为矩阵 $\boldsymbol{M}$ 的特征值，则 $\alpha,\beta$ 与局部自相关函数的主曲率成比例，都可以用来描述 $\boldsymbol{M}$ 的旋转不变性。正如以上所述，有三种情况需要考虑：

a. 假如两个特征值都是小的，以至于局部自相关函数是平的，那么图像中的窗口区域为近似不变的亮度。

b. 假如一个特征值是高的，而另一个是低的，以至于局部自相关函数呈现山脊的形状。

c. 假如两个特征值都是高的，以至于局部自相关函数是突变的山峰形状，那么在任何方向的偏移都将增加 $E$ 的值，显示这是一个特征点。

因此可以由 $\alpha,\beta$ 的值判断是否是特征点。为了不对 $\boldsymbol{M}$ 进行分解求特征值，可以采用 $\mathrm{tr}(\boldsymbol{N})$ 和 $\det(\boldsymbol{N})$ 来代替 $\alpha,\beta$，其中，

$$\left.\begin{array}{l} \mathrm{tr}(\boldsymbol{M}) = \alpha + \beta = A + B \\ \det(\boldsymbol{M}) = \alpha\beta = AB - C^2 \end{array}\right\} \tag{4.20}$$

计算 Harris 算法的角响应函数：

$$R = \det(\boldsymbol{M}) - k\,\mathrm{tr}(\boldsymbol{M})^2 \tag{4.21}$$

式中，$k = \dfrac{t}{(1+t)^2}$ 且 $\dfrac{1}{t} < \dfrac{\alpha}{\beta} < t$，$k$ 是随高斯函数和微分模板变化的变常量。

式（4.21）中角响应准则 $R$ 在角的区域是个正值，在边的区域是负值，在不变化的区域是个很小的值。在实践中，往往太多的特征点被提取。因此有必要在尝试匹配这些特征点之前限制特征点的数量。可行的方法就是选择那些对应特征点响应函数值在某个特定

的阈值上的特征点。取定阈值 $R_{\mathrm{thr}}$ 当 $R(x,y) \geqslant R_{\mathrm{thr}}$ 时,该点即为特征点。$k$ 值越大,$R$ 值越小,则检测到的特征点越少;相反,$k$ 值越小,$R$ 值越大,则检测到的特征点越多。$k$ 一般取 $0.04$。因此可以通过调节这个阈值 $R_{\mathrm{thr}}$,来得到希望获得的特征点数目。

在研究中经过多组试验发现,特征点数目一般控制在 $150 \sim 500$ 左右,就已经可以确保找到图像间的特征点的对应关系了。如果取得过多,就会影响算法的速度;而如果取得过少,就不能保证算法的精度。

由于对于某些场景,大多数特征点都分布在相同的区域,因此可以采取一定的措施来保证检测到的特征点在图像中均匀分布。

综上所述分析,Harris 特征点检测算法归纳如下:

(1)对操作图像中的每个点,计算其在 $x$ 和 $y$ 方向的一阶导数各自的平方以及二者的乘积。具体操作时,采取类似卷积的方式,分别使用模板($x$ 方向)和模板($y$ 方向)(图 4.4,图 4.5)在图像上移动,并在每个位置计算对应中心像素的梯度值,得到 $x$ 方向和 $y$ 方向的两幅梯度图像。计算每个像素位置对应的 $x$ 方向和 $y$ 方向梯度的乘积,得到一幅新的图像。三幅图像中的每个像素对应的属性值分别代表 $I_x$,$I_y$ 和 $I_x I_y$。

$$\begin{bmatrix} -1 & 0 & 1 \\ -1 & 0 & 1 \\ -1 & 0 & 1 \end{bmatrix} \qquad \begin{bmatrix} -1 & -1 & -1 \\ 0 & 0 & 0 \\ 1 & 1 & 1 \end{bmatrix}$$

图 4.4　$x$ 方向模板　　　　　　图 4.5　$y$ 方向模板

(2)对步骤(1)所得到的三幅图像分别进行高斯滤波(标准差为 $\sigma$)。即采用高斯模板分别与这三幅图像进行卷积。

(3)计算原图像上对应每个像素的特征点响应函数值。计算方式有两种:

一种是经典的 Harris 方法。即式(4.21)定义的特征点响应函数:

$$R = \det(\boldsymbol{M}) - k \cdot \operatorname{tr}(M)^2 = (AB - C^2) - k(A + B)^2 =$$
$$\{\langle I_x \rangle \cdot \langle I_y \rangle - \langle I_x I_y \rangle^2\} - k\{\langle I_x \rangle + \langle I_y \rangle\}^2 \tag{4.22}$$

特征点对应的是 $R$ 的局部极大值。

另一种是 Nobel 提出的特征点响应函数:

$$R = \frac{\operatorname{tr}(\boldsymbol{M})}{\det(\boldsymbol{M})} = \frac{A + B}{AB - C^2} = \frac{\langle I_x \rangle + \langle I_y \rangle}{\langle I_x \rangle \langle I_y \rangle - \langle I_x I_y \rangle^2} \tag{4.23}$$

特征点对应的是 $R$ 的局部极小值。

实际运算过程中,首先计算图像每一点对应的 $R$ 值,得到相对应的特征点测度图像。然后,判断每一点的 $R$ 值是否是其非常小的邻域(如 $3 \times 3$)内的最大值(Nobel 特征点响应函数对应最小值)。若是,则该点是一个特征点。考虑到经典的 Harris 方法的特征点响应函数需要确定 $k$ 的值,本算法采用 Nobel 的特征点响应函数。

（4）设置 $R$ 的阈值，对提取的特征点个数进行限制。局部极值点的数目往往很多，通过设置 $R$ 的阈值，根据实际需要提取一定数量的最优点作为最后的结果。

## 4.2.2　线特征提取

线特征在数字图像中主要以图像的"边缘"与"线"两种方式体现。

边缘是指以图像局部特性的不连续性的形式出现的，例如，灰度值的突变，颜色的突变，纹理结构的突变等。从本质上说，边缘常常意味着一个区域的终结和另一个区域的开始。

线是指具有很小宽度的、其中间区域具有相同的图像特征的边缘对，也就是距离很小的一对边缘构成一条线。因此，线特征提取算子通常也称边缘检测算子。

边缘的剖面灰度曲线通常是一条刀刃曲线，但是由于噪声的干扰，往往边缘的剖面曲线是平滑的，在这种情况下可以通过一阶导数最大或者二阶导数为零来实现边缘检测。常用有差分算子、Robert 算子、Sobel 算子、拉普拉斯算子等。由于差分算子（特别是二阶差分算子）对噪声比较敏感，因此，一般应先作低通滤波，尽量减少噪声的影响，再利用差分算子提取边缘。

### 1. 梯度算子

（1）梯度算子的一般描述。图像处理中最常用的方法就是梯度运算，对一个灰度函数 $g(x,y)$，其梯度定义为一个向量：

$$\boldsymbol{G}\left[g(x,y)\right]=\begin{bmatrix}\dfrac{\partial g}{\partial x}\\[2mm]\dfrac{\partial g}{\partial y}\end{bmatrix} \tag{4.24}$$

它的两个重要的特性是：

a. 向量 $\boldsymbol{G}\left[g(x,y)\right]$ 的方向是函数 $g(x,y)$ 在 $(x,y)$ 处最大增加率的方向，有

$$\theta=\arctan\left(\frac{\partial g}{\partial y}\bigg/\frac{\partial g}{\partial x}\right) \tag{4.25}$$

b. $\boldsymbol{G}\left[g(x,y)\right]$ 的模

$$G(x,y)=\mathrm{mag}\left[G\right]=\sqrt{\left[\left(\frac{\partial g}{\partial x}\right)^2+\left(\frac{\partial g}{\partial y}\right)^2\right]} \tag{4.26}$$

等于最大增加率。

在数字图像中，导数的计算通常用差分予以近似，故梯度算子即为差分算子：

$$G_{i,j}=\sqrt{\left(g_{i,j}-g_{i+1,j}\right)^2+\left(g_{i,j}-g_{i,j+1}\right)^2} \tag{4.27}$$

为了简化运算,通常用水平和垂直两个方向差分绝对值之和进一步近似,即

$$G_{i,j} = |g_{i,j} - g_{i+1,j}| + |g_{i,j} - g_{i,j+1}| \tag{4.28}$$

或

$$G[f(x,y)] = \max\{|g_{i,j} - g_{i+1,j}|, |g_{i,j} - g_{i,j+1}|\} \tag{4.29}$$

对于给定阈值 $T$,当 $G_{i,j} > T$ 时,则认为像素 $(i,j)$ 是边缘上的点。

(2)Roberts 梯度算子。定义为

$$\boldsymbol{G}_r[g(x,y)] = \begin{bmatrix} \dfrac{\partial g}{\partial u} \\ \dfrac{\partial g}{\partial v} \end{bmatrix} = \begin{bmatrix} g_u \\ g_v \end{bmatrix} \tag{4.30}$$

其中,$g_u = \dfrac{\partial g}{\partial u}$ 是 $g$ 的 $\dfrac{\pi}{4}$ 方向导数;$g_v = \dfrac{\partial g}{\partial v}$ 是 $g$ 的 $\dfrac{3}{4}\pi$ 方向导数。

容易证明其模 $G_r(x,y)$ 为

$$G_r(x,y) = \sqrt{(g_u + g_v)} \tag{4.31}$$

用差分表示则为

$$G_{i,j} = \sqrt{(g_{i+1,j+1} - g_{i,j})^2 + (g_{i,j+1} - g_{i+1,j})^2} \tag{4.32}$$

或

$$G_{i,j} = |g_{i+1,j+1} - g_{i,j}| + |g_{i,j+1} - g_{i+1,j}| \tag{4.33}$$

采用 Roberts 算子提取的 SAR 图像边缘如图 4.8 所示(原始图像如图 4.7 所示)。

(3)Prewitt 算子。在边缘检测中,为了提高对噪声的抑制能力,最好不取像素间的灰度差,而是采用平均值差分,计算要处理像素的左右邻域或上下邻域的灰度差,其边缘检测模板如图 4.6 所示。

计算所得差分为

$$\left.\begin{aligned} \Delta_x g(i,j) &= (g_{i+1,j-1} + g_{i+1,j} + g_{i+1,j+1}) - (g_{i-1,j-1} + g_{i-1,j} + g_{i-1,j+1}) \\ \Delta_y g(i,j) &= (g_{i-1,j+1} + g_{i,j+1} + g_{i+1,j+1}) - (g_{i-1,j-1} + g_{i,j-1} + g_{i+1,j-1}) \end{aligned}\right\} \tag{4.34}$$

用梯度算子可表示为

$$G_{i,j} = |\Delta_x g(i,j)| + |\Delta_y g(i,j)| \tag{4.35}$$

或

$$G[f(x,y)] = \max\{|\Delta_x g(i,j)|, |\Delta_y g(i,j)|\} \tag{4.36}$$

采用 Prewitt 算子提取的 SAR 图像边缘如图 4.9 所示。

| -1 | 0 | 1 |
|----|---|---|
| -1 | 0 | 1 |
| -1 | 0 | 1 |

| 1 | 1 | 1 |
|---|---|---|
| 0 | 0 | 0 |
| -1 | -1 | -1 |

图 4.6　Prewitt 边缘检测模板

图 4.7　原始 SAR 图像

图 4.8　Roberts 边缘图

### 2. 二阶差分算子

图像中的点特征或线特征点上的灰度与其周围或两侧图像灰度平均值的差别较大，因此可以用二阶差分的原理来提取，在二阶差分算子中，经常使用拉普拉斯算子。

拉普拉斯（Laplacian）算子是不依赖于边缘方向的二阶微分算子，它是一个标量而不是向量，具有旋转不变即各向同性的性质，在图像处理中经常被用来提取图像的边缘。其表达式为

$$\nabla^2 g = \frac{\partial^2 g}{\partial x^2} + \frac{\partial^2 g}{\partial y^2} \tag{4.37}$$

若 $g(x,y)$ 的傅里叶变换为 $G(u,v)$，则 $\nabla^2 g$ 的傅里叶变换为

$$-(2\pi)^2(u^2+v^2)G(u,v) \tag{4.38}$$

故拉普拉斯算子实际上是一高通滤波器。对于数字图像，拉普拉斯算子定义为

$$\nabla^2 g_{ij} = (g_{i+1,j} - g_{i,j}) - (g_{i,j} - g_{i-1,j}) + (g_{i,j+1} - g_{i,j}) - (g_{i,j} - g_{i,j-1}) =$$
$$g_{i+1,j} + g_{i-1,j} + g_{i,j+1} + g_{i,j-1} - 4g_{i,j} \tag{4.39}$$

用拉普拉斯算子对图像进行卷积后，每一个像素卷积的结果有"正"和"负"的值，可以

取其符号变化的点,即通过零的点为边缘点,拉普拉斯算子除了具有高通滤波器的特性,还具有旋转不变特性。采用 Laplacian 算子提取的图像边缘如图 4.10 所示。

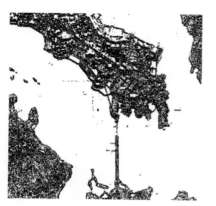

图 4.9　Prewitt 边缘图

图 4.10　Laplacian 边缘图

### 3. Canny 算子

Canny 提出边缘检测算子应满足以下 3 个判断准则:信噪比准则、定位精度准则、单边缘响应准则,并由此推导出了最佳边缘检测算子——Canny 算子。Canny 边缘检测算子首先通过一阶 Gaussian 平滑图像,然后计算图像梯度幅值,并在局部进行梯度的非最大化抑制,最后通过边缘连接得到图像的边缘特征。通过 Canny 流程图(见图 4.11)可以看出,非最大化抑制通过抑制沿着梯度线方向的所有的非骨架峰值的值来实现梯度 $G(i,j)$ 的骨架细化。Canny 边缘检测算子在增强的边缘上利用两个阈值来控制边缘提取,高阈值剔除假边缘但可能使边缘有间断,而低阈值保留了一些弱点以便使边缘连接完整。

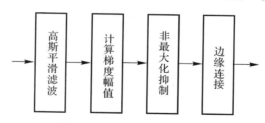

图 4.11　Canny 算子流程图

依据流程图可以看出 Canny 算子主要有四个步骤:

(1)高斯滤波。在 Canny 边缘检测算子中 Gaussian 平滑可以用来控制边缘图中细节的数量,对于 $\sigma$ 小的滤波器,定位精度高,细节就少;对于 $\sigma$ 大的情况则相反。同时 Gaussian 窗口的宽度和 $\sigma$ 两个阈值还可以用来控制 Canny 边缘检测算子的精度。

　　(2)梯度幅值和方向的计算。梯度幅值可以通过在 2×2 的邻域内求有限差分均值来计算,该做法虽然对边缘的定位比较准确,但对噪声过于敏感,容易检测出假边缘和丢失一些真实边缘的细节部分。目前常用像素 8 邻域内计算 0°方向、45°方向、90°方向、135°方向一阶偏导数有限差分来确定像素梯度幅值,这种方法兼顾了边缘定位准确和抑制噪声的要求,具有较好的处理效果。

　　0°方向偏导数:

$$P_0[i,j] = I[i+1,j] - I[i-1,j] \tag{4.40}$$

　　45°方向偏导数:

$$P_{45}[i,j] = I[i-1,j+1] - I[i+1,j-1] \tag{4.41}$$

　　90°方向偏导数:

$$P_{90}[i,j] = I[i,j+1] - I[i,j-1] \tag{4.42}$$

　　135°方向偏导数:

$$P_{135}[i,j] = I[i+1,j+1] - I[i-1,j-1] \tag{4.43}$$

　　像素的梯度幅值和梯度方向用直角坐标到极坐标的坐标转化公式来计算,用二阶范数来计算梯度幅值为

$$M[i,j] = \sqrt{P_0[i,j]^2 + P_{45}[i,j]^2 + P_{90}[i,j]^2 + P_{135}[i,j]^2} \tag{4.44}$$

　　梯度方向为

$$\theta[i,j] = \arctan\left(P_y[i,j]/P_x[i,j]\right) \tag{4.45}$$

　　(3)非最大化抑制。非最大化抑制通过抑制沿着梯度线方向的所有的非骨架峰值的值来实现梯度 $m(i,j)$ 的骨架细化。

　　(4)边缘连接。边缘连接过程中利用高低阈值控制边缘提取,高阈值剔除假边缘但可能使边缘有间断,而低阈值保留了一些弱点以便使边缘连接完整;边缘连接采用边缘跟踪的方法,扫描整幅图像,找到梯度幅值大于高阈值的像素作为起始点逐个跟踪直到结束并作跟踪标记,重复跟踪过程直至所有边缘处理完毕。

　　高低阈值的大小直接影响边缘连接的结果,传统 Canny 算子高、低阈值的参数不是由图像边缘的特征信息决定,而是需要人为设定,不具有自适应能力,自动化程度低;同时,这种无法顾及图像中的局部特征信息的做法,一方面无法消除局部噪声干扰,另一方面会丢失灰度值变化缓慢的局部边缘,导致目标物体的轮廓边缘不连续,使分割效果受到影响。

　　很多学者对高、低阈值的自适应设定方法进行了研究,有结合全局边缘梯度特征法、迭代法等,本书提出了基于 MSP‐ROA 算子的高、低阈值设置方法。

　　该方法主要过程:

　　a. 依据 MSP‐ROA 算子检测边缘,该过程详见第 3 章所述;

　　b. 依据检测的边缘计算边缘点数目占全幅图像的比例为 $r_e$；

　　c. 计算全幅图像的梯度直方图,根据图像梯度值对应直方图,从低梯度值等级开始逐步累加图像点数目,当累加达到 $1-r_e$ 时,对应的图像梯度值设置为高阈值。

　　d. 对于低阈值的选择,通过选择为高阈值的一定比例因子实现。

　　分析图 4.12 及图 4.13~图 4.15,三种不同阈值设置方法的 Canny 算子产生的边缘图,从视觉上明显比其他边缘提取的方法准确。这三种确定阈值的方法,在处理问题上并没有明显表现出哪种方法更加出色,但是方法 1 需要分析全图的梯度并对图像进行分区处理,方法 2 求解阈值需要进行迭代处理,两种方法处理复杂度较高,相比之下方法三直接利用图像去噪过程中的 MSP - ROA 算子计算结果即可快速确定阈值,在特征配准过程中可以采用该方法进行 Canny 边缘检测。

图 4.12　原始 SAR 图像

图 4.13　结合全局边缘梯度特征法

图 4.14　迭代法

图 4.15　MSP - ROA 法

# 4.3　基于点特征和线特征的配准

## 4.3.1　基于 Harris - SIFT 的点特征匹配

SIFT 最初是作为一种关键点的特征提出来的,这种特征对图像的尺度变化和旋转是不变量,而且对光照的变化和图像变形具有较强的适应性,同时这种特征还具有较高的辨别能力,提出了将 SIFT 与 Harris 相结合的算子方法用于无人机载 SAR 图像配准。SIFT 特征的构造方法包括关键点的检测和描述子的构造两部分。

**1.关键点的检测**

Harris 算子提取的特征点均匀,检测得到的特征点对于视点的变化,照明的不同,旋转和尺度变化都有较好的鲁棒性,方法提出的 Harris - SIFT 算法采用 Harris 提取关键点,关于 Harris 算子详见 4.2.1 中所述。

**2.SIFT 描述子的构造**

在构造 SIFT 描述子之前首先为每个关键点赋予一个主方向。主方向是指关键点邻域内各点梯度方向的直方图中最大值所对应的方向。后续的描述子构造均以该方向为参照,这样构造的描述子具有旋转不变性。

描述子的构造过程为:

(1)对任意一个关键点,取以关键点为中心的 16 像素×16 像素大小的邻域,再将此邻域均匀地分为 4×4 个子区域(每个子区域大小为 4 像素×4 像素),对每个子区域计算梯度方向直方图(直方图均匀分为 8 个方向)。

(2)对 4×4 个子区域的 8 方向梯度直方图根据位置依次排序,这样就构成了一个 4×4×8=128 维的向量,该向量就是 SIFT 描述子。其中,第 1 维对应于第一个子区域的第一个梯度方向,第 2 维对应于第一个子区域的第 2 个梯度方向,第 9 维对应于第二个子区域的第一个梯度方向,依次类推。

**3.匹配计算**

为了提高匹配速度和可靠性,采取序列相关的思路,对匹配计算后的特征点进行仿射变换,并进行粗差检测去除部分错误的匹配点,整个匹配过程如下:

(1)关键点提取。对于基准图像和待配准图像,采用 Harris 算子提取图像明显的特征点,作为 SIFT 匹配的关键点。

（2）SIFT 描述子构造。以关键点为中心一定大小的邻域，均匀地分为若干个子区域，对每个子区域计算梯度直方图，并由此构成 SIFT 描述子。

（3）匹配计算。计算基准图像和待配准图像特征点为中心的 SIFT 描述子的相似性，相似性采取欧式距离作为测度，并滤除掉相似度值小于某一阈值的特征点。

（4）匹配粗差检测。对于匹配计算后可能的匹配点对，进行仿射变换，如式（4.46）所示。仿射变换后对所有匹配点对进行几何一致性检验，将少数精度较低的匹配点对去除。

$$\left. \begin{array}{l} x_2 = a_1 x_1 + a_2 y_1 + a_3 \\ y_2 = b_1 x_1 + b_2 y_1 + b_3 \end{array} \right\} \qquad (4.46)$$

匹配计算流程如图 4.16 所示。

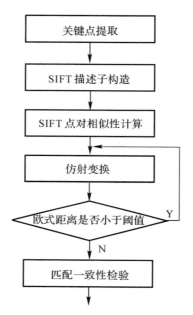

图 4.16 基于 Harris‐SIFT 的点特征匹配流程

## 4.3.2 基于 Canny 算子的特征匹配

4.3.1 节介绍了基于点特征的配准方法，在特征匹配方法中还经常以线特征提取作为基础来提取目标，进而对目标进行描述与匹配，这种方法不仅适合 SAR 图像间的配准，而且比较适合于无人机载 SAR 图像与无人机航空像片的配准，提出了基于 Canny 算子的特征匹配算法，并将该算法应用到无人机载 SAR 图像与航空像片的配准之中，方法步骤如图 4.17 所示。

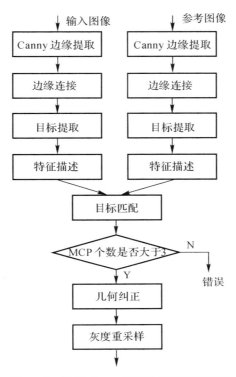

**图 4.17　基于 Canny 算子的特征匹配流程**

**1. 边缘提取**

目标提取是特征匹配的主要步骤,在图像处理中常用图像分割技术进行目标提取,有效的图像分割不仅是图像处理中非常困难的工作之一,还是特征提取成功的关键。有两种基本方法常被用来对灰度图像进行分割:基于灰度突变的分割和基于灰度相似性的聚类。前者主要依赖边缘检测技术,而后者依赖区域生长技术。在实际处理问题中经常采用基于边缘检测的技术,边缘提取采用 4.2.2 中的 Canny 算子,在 Canny 算子中,阈值采用基于 MSP - ROA 的自动阈值提取方法,改进的 Canny 算子可以提供较为稳定的高反差边缘。

**2. 边缘连接**

由于边缘图上边缘可能存在不完整,因此需要进行边缘连接,采用数学形态学的方法来得到封闭的轮廓。

膨胀、腐蚀是数学形态学的最基础的两个运算,在此基础上可以组成开启、闭合等其他运算。设二值图像集合为 $X$,结构元素集合为 $S$,常用定义如下:

膨胀运算(Dilation)定义为

$$X \oplus S = \{x \mid S[x] \cap x \neq \varnothing\} \qquad (4.47)$$

式中,$\overline{S}$ 为 $S$ 关于原点的映射。用 $S$ 来膨胀 $X$ 得到的集合是位移 $\overline{S}$ 与 $X$ 至少有 1 个非零元素相交时的原点位置的集合。

腐蚀运算(Erosion)定义为

$$X \ominus S = \{x \mid S[x] \subseteq X\} \qquad (4.48)$$

用 $S$ 来腐蚀 $X$ 得到的集合是 $S$ 完全包括在 $X$ 中时 $S$ 的原点位置的集合。

膨胀根据像素以及它的邻近像素之间的一定的规则将像素打开,从而增加了前景像素的区域范围。

在处理中,膨胀操作被用来填充没有完全封闭的轮廓之间的间隔。

**3. 目标提取**

采用 Canny 边缘算子得到准确的边缘图,并进行边缘连接,然后基于边缘图的控制进行区域生长而得到目标。

在边缘连接之后,采用区域生长的方法进行目标提取,以得到两幅边缘图中的轮廓封闭面积大的相同区域(见图 4.18)。

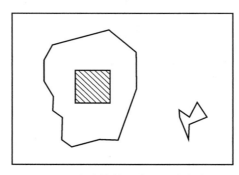

**图 4.18 由边缘控制的区域生长方式**

目标的初始种子通过利用一个方形罩扫描边缘图得到,这个方形罩的大小由允许提取出来的最小目标的大小来确定。当这个扫描罩完全不与边缘点相交时,将这个罩的中心点对应的边缘图点加入种子。这个扫描罩在图像边缘图上沿着 $X$,$Y$ 方向移动。这个过程得到了大的区域而忽略了小的、意义不大的区域。

**4. 特征描述**

目标提取之后,图像配准过程的下一步是目标匹配,建立两幅图像相对应的配准控制点对。目标特征描述是目标匹配的基础,目标特征选择的主要标准是线性变换(平移、旋转、缩放)的不变量。表 4.1 列出了常用的面状目标特征的描述。

表 4.1　常用的面状目标特征的描述

| 目标特征 | 描　述 |
|---|---|
| 面积 | 目标物所占的像素点的数目 |
| 周长 | 目标边界点数之和 |
| 位置 | 单位面积质量恒定的相同形状图形的质心 |
| 主轴长度 | 寻找具有相同二次矩的椭圆作为目标,计算椭圆的长短轴长度以及方向 |
| 次轴长度 | |
| 方向 | |
| 外包框 | 最小外接矩形的高和宽 |
| 矩 | 七个不变矩、投影矩 |

**5. 目标匹配**

基于特征的配准技术匹配过程依赖于所提取出来的图像特征之间的比较。对于诸多图像特征(点、线、面),面特征是最好的。因为许多属性诸如周长,曲率,面积,稳定性,轴的长度和外框等等可以从面中提取出来作为评价条件,这比点或线多。当然也可以用点、线匹配,但是匹配的精度可能低于面,并且用点或线匹配一般要求在输入图像和待配准图像之间已经有几个像素的精度的粗略配准。

设 $R=(R_1,R_2,\cdots,R_{k_1})$ 和 $I=(I_1,I_2,\cdots,I_{k_2})$,$R$ 和 $I$ 分别表示从基准图像和待配准图像中提取出来的目标集合,其中 $k_1,k_2$ 是每幅图像中目标的数量(通常 $k_1 \neq k_2$)。匹配的结果是 $R$ 中的 $k$ 个目标($k \leqslant \min(k_1,k_2)$)与 $I$ 中的 $k$ 个目标一一配对。

通过目标之间的匹配而产生两个配准控制点 MCP(Matching Control Point)集。在这两个 MCP 之间必须有一对一对应关系,以便于基准图像中的每个点能够被唯一的与待配准图像中的一个点相匹配,反之亦然。如果有一对目标被匹配上,就将目标的中心点作为一对 MCP 点。

评价目标是否匹配需要采用相似度评价函数,常用的相似度函数为差异函数。差异函数采用的是最小化准则。对于两个目标集合,目标之间的差异性评价函数通常定义为绝对差或平方值差,或者是目标所有属性的平方差和的平方根。

在总结 Morgado,Dowman 等人对图像匹配的代价函数的定义基础上,可以采用式(4.49)作为相似度评价函数:

$$C = \left| \frac{a_b - a_s}{a_b + a_s} \right| + \left| \frac{b_b - b_s}{b_b + b_s} \right| + \left| \frac{c_b - c_s}{c_b + c_s} \right| + \cdots \qquad (4.49)$$

式中　$a_b,b_b,c_b$——基准图像提取的目标的属性;

　　　$a_s,b_s,c_s$——待配准图像提取的目标的属性。

如果下面的两个条件满足,则基础图像中的目标 A 和待配准图像中的目标 B 作为匹配对被选择:

a. $C_{AB} \leqslant C_{AB'}$ 其中 $B'$ 包含所有与目标 A 形状相似的目标。

b. $C_{AB} \leqslant T$,其中,如果最小代价函数大于阈值 $T$,则评价为不相似。

本方法中采用的目标的属性包括面积、中心点、主轴长度、次轴长度、周长以及不变矩。

**6. 图像配准**

在完成目标匹配后,进行几何变换和灰度重采样完成配准过程。几何变换主要用来纠正基准图像相对于待配准图像的几何变形,方法中采用的配准图像都是经过粗纠正处理的图像,粗纠正后的图像的变形一般可以认为是线性变形,因此采用仿射变换进行几何纠正,如式(4.50)所示,灰度重采样可以采用最邻近插值、双三次卷积插值以及双线性插值,考虑到几何精度和计算速度,主要采用双线性插值。

$$\left.\begin{aligned} x_2 &= a_1 x_1 + a_2 y_1 + a_3 \\ y_2 &= b_1 x_1 + b_2 y_1 + b_3 \end{aligned}\right\} \tag{4.50}$$

## 4.3.3 试验与分析

**1. 基于 Harris - SIFT 的点特征匹配**

(1)试验内容。基于 Harris - SIFT 的点特征匹配算法。

(2)试验数据。试验数据为不同航带同一区域的机载 SAR 图像数据,方位向分辨率为 0.5 m,距离向分辨率为 0.5 m,航高为 5 307.79 m,初始斜距为 14 437.5 m。

(3)试验结果与分析。图 4.19 所示为采用 Harris - SIFT 算法匹配后的结果图像,图 4.20 所示为对匹配后的结果进行粗差检测后的结果图像。表 4.2 列出了特征点、初始匹配点、最终匹配点的个数。

**图 4.19 Harris - SIFT 匹配结果图**

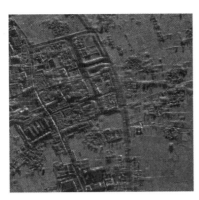

图 4.20　经粗差检测后的结果图

表 4.2　特征点、初始匹配点、最终匹配点个数

|  | 特征点数 | 初始匹配点对数 | 最终匹配点对数 |
|---|---|---|---|
| 基准图像 | 1 799 | 532 | 214 |
| 待匹配图像 | 1 297 | 532 | 214 |

通过试验可以看出：

（1）Harris 算子提取的特征点均匀而且合理,对图像中的每个点均计算其特征点响应函数值,然后在邻域中选择最优点。

（2）在纹理信息丰富的区域,该算法可以提取出大量有用的特征点。

（3）Harris - SIFT 匹配算法计算特征点对之间的相似性,在待配准图像间存在旋转、比例变形等因素前提下,仍然能够获得较好的匹配效果。

（4）分析算法能够较好地实现匹配的原因在于：其一,Harris 特征提取算子检测得到的特征点对于视点的变化、旋转和尺度变化都有较好的鲁棒性；其二,SIFT 匹配构造描述是以区域的统计特性为对象,而不是仅仅以单个像素为研究对象,提高了对图像局部变形的适应能力。

（5）针对 Harris - SIFT 匹配算法特点,该算法适合于无人机载 SAR 图像间的匹配计算,如对于不同航线获取的同一地区的 SAR 图像进行立体定位时,控制点的选取和目标点的定位解算均存在同名点匹配问题。该算法具有计算速度快、精度高等特点,适合于此种情况下的自动解算需要。

**2. 基于 Canny 算子的特征匹配**

（1）试验内容。基于 Canny 算子的特征匹配算法。

（2）试验数据。该试验采用无人机载 SAR 图像和无人机航空像片进行配准。

机载 SAR 图像方位向分辨率为 0.5 m，距离向分辨率为 0.5 m，航高为 5 949.78 m，初始斜距为 14 437.5 m。

航空像片的摄影航高为 1 000 m，相机焦距为 200.035 mm，像幅为 180 mm×180 mm。

为了进行图像配准以满足后期的图像融合等用途，对机载 SAR 图像和航空像片均进行了正射纠正，图像如图 4.21、图 4.22 所示。

图 4.21　无人机航空像片　　　　　图 4.22　无人机载 SAR 图像

（3）试验结果与分析。试验中基准图像设为无人机航空像片，待配准图像为机载 SAR 图像，边缘检测采用了基于 MSP－ROA 阈值确定方法的 Canny 算子，获取的边缘图如图 4.23 和图 4.24 所示。

从图像中提取的目标如图 4.25 和图 4.26 所示，航空像片上提取了 6 个目标，SAR 图像上提取了 12 个目标。

两幅图像上目标的特征值如表 4.3、表 4.4 所示。

图 4.23　航空像片边缘图　　　　　图 4.24　机载 SAR 图像边缘图

图 4.25　航空像片提取目标图　　　　　图 4.26　机载 SAR 提取目标图

表 4.3　目标特征值表　　　　　　　　　　单位：像素

| 图像 | 目标序号 | 面积 | 周长 | 形心坐标 | | 外接多边形 | | 主轴 | 次轴 |
|---|---|---|---|---|---|---|---|---|---|
| | | | | $x$ | $y$ | 面积 | 周长 | | |
| 航空像片 | 1 | 2 890 | 223 | 118.821 | 83.969 | 1 485 | 164 | 6.806 94 | 2.522 40 |
| | 2 | 2 754 | 349 | 353.914 | 119.630 | 51 250 | 910 | 11.616 81 | 0.509 63 |
| | 3 | 2 781 | 250 | 243.012 | 124.788 | 13 580 | 474 | 8.411 70 | 1.529 95 |
| | 4 | 2 367 | 209 | 133.110 | 143.689 | 342 | 58 | 7.714 56 | 1.630 97 |
| | 5 | 1 248 | 134 | 79.246 | 188.739 | 12 099 | 440 | 3.099 04 | 2.817 05 |
| | 6 | 643 | 111 | 353.171 | 208.099 | 19 182 | 554 | 2.504 13 | 1.752 60 |
| 机载SAR图像 | 1 | 3 293 | 261 | 116.720 | 83.678 | 1 768 | 172 | 6.906 62 | 2.826 63 |
| | 2 | 2 641 | 252 | 244.774 | 123.321 | 14 000 | 480 | 8.311 47 | 1.503 24 |
| | 3 | 2 302 | 215 | 137.014 | 144.074 | 408 | 44 | 7.332 20 | 1.519 01 |
| | 4 | 1 621 | 153 | 83.850 | 197.667 | 13 908 | 472 | 3.751 01 | 2.968 57 |
| | 5 | 954 | 167 | 351.407 | 196.485 | 22 192 | 596 | 2.834 56 | 1.969 76 |
| 机载SAR图像 | 6 | 703 | 131 | 159.237 | 230.702 | 5 025 | 284 | 3.926 35 | 0.811 0 2 |
| | 7 | 3 173 | 412 | 196.633 | 343.114 | 20 406 | 586 | 7.554 88 | 1.189 94 |
| | 8 | 1 733 | 202 | 133.475 | 340.653 | 43 143 | 832 | 4.971 00 | 1.604 14 |
| | 9 | 2 664 | 257 | 346.918 | 416.790 | 5 952 | 314 | 7.810 79 | 1.415 26 |
| | 10 | 890 | 151 | 101.987 | 402.603 | 93 016 | 1 220 | 4.118 01 | 0.899 32 |
| | 11 | 2 470 | 210 | 245.910 | 436.548 | 35 657 | 756 | 5.973 56 | 2.482 82 |
| | 12 | 1 304 | 150 | 170.420 | 438.573 | 72 884 | 1 080 | 4.214 35 | 1.660 95 |

表 4.4　目标特征值表(续)

| 图像 | 目标编号 | 不变矩 | | | | | | |
|---|---|---|---|---|---|---|---|---|
| | | 1 阶 | 2 阶 | 3 阶 | 4 阶 | 5 阶 | 6 阶 | 7 阶 |
| 航空像片 | 1 | 4.664 67 | 4.589 33 | 2 348.62 | 55.259 | 16 638.85 | 11.188 49 | 17 163.16 |
| | 2 | 6.063 22 | 30.842 33 | 1 776.95 | 1 197.252 | 2 107 690 | 5 135.588 | −44 854.3 |
| | 3 | 4.970 82 | 11.839 60 | 2 734.00 | 61.172 | −3 309.74 | 37.963 09 | 24 794.95 |
| | 4 | 4.672 77 | 9.252 52 | 1 420.74 | 41.931 | −8 145.53 | −77.191 3 | −6 499.99 |
| | 5 | 2.958 04 | 0.019 87 | 155.36 | 6.688 | 50.87 121 | 0.941 902 | 205.612 4 |
| | 6 | 2.128 37 | 0.141 20 | 571.24 | 4.801 | −190.124 | −1.262 33 | −173.546 |
| 机载 SAR 图像 | 1 | 4.866 62 | 4.161 59 | 8 356.06 | 288.694 | 411 109.3 | 1.426 | 364 855.4 |
| | 2 | 4.907 36 | 11.587 98 | 3 750.05 | 30.480 | 6 818.2 | 88.080 | 6 788.0 |
| | 3 | 4.425 60 | 8.448 28 | 1 018.50 | 42.015 | −6 601.2 | −121.551 | 2 496.1 |
| | 4 | 3.359 79 | 0.153 05 | 169.88 | 12.551 | 6.8 | −4.900 | 568.9 |
| | 5 | 2.402 16 | 0.186 96 | 1 575.21 | 1.195 | 23.3 | −0.201 | 45.8 |
| | 6 | 2.368 68 | 2.426 32 | 155.37 | 5.564 | −120.0 | −6.190 | 52.7 |
| | 7 | 4.372 41 | 10.128 13 | 4 936.22 | 649.346 | −167 690 | −430.405 | 1 118 148 |
| | 8 | 3.287 57 | 2.833 92 | 343.27 | 29.293 | 2 639.2 | 8.654 | −10 58.9 |
| | 9 | 4.613 02 | 10.225 71 | 1 656.48 | 53.642 | −9 506.4 | −119.837 | −8 334.7 |
| | 10 | 2.508 66 | 2.589 99 | 240.90 | 3.808 | 71.0 | 0.201 | 54.6 |
| | 11 | 4.228 19 | 3.046 32 | 1 854.02 | 50.854 | 14 686.5 | 83.644 | −4 458.8 |
| | 12 | 2.937 65 | 1.629 95 | 48.59 | 10.289 | 135.8 | 13.135 | 18.5 |

配准以后的结果图像如图 4.27、图 4.28 所示。

图 4.27　航空像片配准后的结果图像

图 4.28　机载 SAR 配准后的结果图像

利用配准后的图像进行融合,得到的融合图像如图 4.29 所示。

**图 4.29　配准后的融合图像**

从以上数据和结果图像可以得出:

(1)基于 MSP - ROA 算子的 Canny 边缘检测能够较好解决无人机航空像片和机载 SAR 图像的边缘提取问题,为后期目标提取奠定了良好的基础。

(2)基于 Canny 的特征匹配算法能够实现无人机航空像片和机载 SAR 图像的自动配准处理。

(3)从提取的目标图像上可以看出,无人机航空像片和机载 SAR 图像上提取的目标数不同,这主要是由于两种图像的成像机理不同导致提取的边缘在局部存在区别,从而使得提取的目标个数不同,有个别的目标即便是同一目标也存在一定的差异,但总体来说不影响整体配准结果。

(4)采用特征匹配时,图像中必须具有比较明显的目标,目标数要多于 3 个以便进行仿射变换。

(5)所提出的特征匹配算法在图像差别较大的前提下仍能够进行正确配准,更适合于无人机侦察图像中的可见光图像与 SAR 图像的配准处理,满足了无人机侦察图像融合处理以及情报综合分析对基础图像数据的要求。

# 4.4　本 章 小 结

本章针对无人机载 SAR 图像特点,在研究图像配准方法的基础上,探讨了特征匹配方法在无人机载 SAR 图像配准中的应用问题;研究了点特征和线特征的提取方法,提出了基于 MSP - ROA 算子的 Canny 边缘检测算法,并设计了基于 Canny 算子的特征匹配算法,该算法在图像差别较大的前提下仍能够进行正确配准,适合于无人机侦察图像中的可见光图像与 SAR 图像的配准处理,从而满足了无人机侦察图像融合处理以及情报综合分析对基础图像数据的要求;针对多幅无人机载 SAR 图像镶嵌、立体定位、对比分析等信息处理的需要,本章提出了基于 Harris – SIFT 的特征匹配算法,该算法不仅能够获得均匀而合理的特征点,而且在匹配图像间存在旋转、比例变形等因素情况下,仍然能够获得较好的匹配效果。

# 第 5 章　无人机载 SAR 立体图像提取与立体定位

目前,立体判读和立体定位是无人机侦察图像解译的主要方法。SAR 成像传感器通过飞机飞行才能形成图像,与中心投影的航空像片相比,它无法通过同一条航线的图像构建立体像对,而只能利用相邻航带的图像才能构建立体图像。但是无人机飞行航线保持能力有限,不同航带斜距变形差别较大,往往构建的立体图像视觉效果不佳,为了实现更好的 SAR 图像立体判读,需要研究立体图像的提取方法。立体定位是无人机信息处理的一个主要环节,航空像片可以通过无人机航空像片全数字定位仪进行高精度目标坐标提取,对于机载 SAR 图像目前尚没有立体定位设备,本章将重点研究立体图像提取和立体定位的方法。

## 5.1　SAR 立体图像提取

### 5.1.1　SAR 立体图像

SAR 图像中的因高度产生的像点位移是叠掩产生的根本原因,它与光学摄影中因高度产生图像位移的方向正好相反。如图 5.1 所示,光学摄影中的位移方向是背向像底点,而SAR 图像中的位移则朝向像底点。光学摄影中的立体像对是由两个摄影站点摄取同一地区的图像组成的,两摄站点之间的距离称为摄影基线,在立体像对中由于高度产生的位移形成视差,故而可以进行立体观察和立体量测。SAR 图像也可以由雷达天线在不同位置收集同一地区的回波信号而构成立体图像,但这时

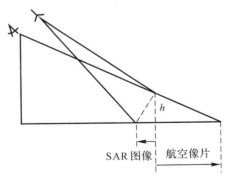

**图 5.1　叠掩示意图**

是由目标产生的叠掩引起图像位移,视差由信号叠掩形成。SAR 图像的立体像对可由多

种方式产生。如图 5.2 所示,在目标的两侧或同侧的不同高度、同侧的不同距离都可以产生立体像对的方式,但由于雷达成像时,目标如在山丘的前坡,在图像中比较亮,其长度可能出现收缩或出现叠掩,在背坡则比较暗,其长度或缩短,或接近符合比例的长度,甚至根本看不出来,完全消失在阴影之中,这样在目标两侧构成立体图像时,对目标的观察十分困难。所以目前一般采用同侧成像方式,其等效的相机摄影关系如图 5.3 所示,图中相机在 $u$,$v$ 两点对目标 $P$ 摄影,$B$ 为基线,$L_f$ 和 $L_n$ 为相应的图像位移在地面上的表示,于是有

$$B/H_c = (L_n - L_f)/h \tag{5.1}$$

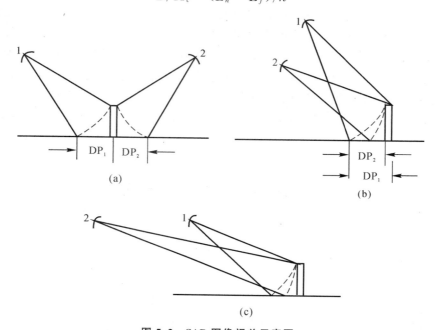

图 5.2  SAR 图像视差示意图
(a)对侧成像;  (b)同侧成像;  (c)同侧同高度成像

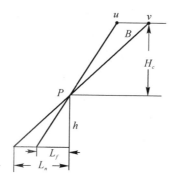

图 5.3  对应相机立体观测

## 5.1.2　SAR 立体成像方式

**1. 立体成像方式**

SAR 立体图像成像方式有同侧和异侧两种,如图 5.4 所示。同侧又可分为同一高度和不同高度,而真实孔径侧视雷达在同一高度还可分为一次飞行完成和二次飞行完成;异侧主要分为对侧和正交配对。

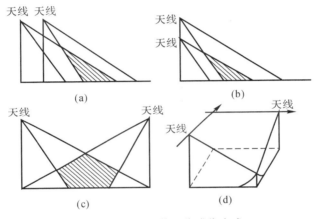

**图 5.4　SAR 立体图像成像方式**

(a)同侧同高度;　　(b)同侧不同高度;　　(c)对侧同高度;　　(d)正交同高度

对侧立体成像所取得的立体像对,视差明显,有利于高出地面物体的量测。但是,高出地面物体在像对的两幅图像上相应图像的色调和几何变形相互不一致,立体观察困难,当高差或坡度过大时,甚至达不到立体凝合,不能构成立体观察模型。因此,对侧立体成像,只适用于平坦地或起伏较缓、高差不大的丘陵地,不适用于坡度较大的丘陵地和山地。

同侧同高度或不同高度的立体像对,视差虽不及对侧配对明显,但两张像片上相应图像的色调和图形变形差异较小,能获得较好的立体观测效果。丘陵地和山地一般都采用同侧立体成像。

正交立体像对是不同航线侧视方向垂直所取得的重叠图像,是同侧成像与异侧成像之间的一种像对成像方式。在正交立体像对中,高出基准面或低于基准面的物体,在一张像片上的移位线与另一张像片上的移位线不一致,立体观察困难。因此,正交立体成像仅适用于独立目标的立体测量,不适用于大面积的立体测量。

**2. SAR 像对立体观测**

SAR 立体图像的立体观察方法与航空像片基本相同。不同的是,在排列安置立体像对时,SAR 图像的左右片顺序应与取得时的相关位置相反,即左片安置在右边,右片安置在左边。这是因为在 SAR 图像上,高出地面的物体的顶点向着底点方向移位,低于地面的物体背着底点方向移位,与摄影像片上投影误差的方向相反。

立体观察中常用超高感(垂直夸张)说明视觉模型的明显程度。在立体观察中,有时感到立体模型的起伏比实际地形陡或缓,这种现象是由于立体模型的垂直比例尺大于或小于水平比例尺而产生的。当立体模型的垂直比例尺大于水平比例尺,即立体模型比实际地形起伏更明显时,称为超高感,或垂直夸张。SAR 立体图像的立体观察模型的立体感主要取决于两次成像时对同一目标侧视角之差。像对构成立体模型是否明显,实际上取决于视差的大小。

同高度的物体,在相同比例尺的像片上,视差大的立体效果明显,立体量测精度高;视差小的立体效果不明显,立体量测精度低。

图 5.5 所示为同侧和异侧雷达立体图像的视差与其相应物体高度的关系。

从图 5.5 可以看出,当 $\Delta\theta_1$ 和 $\Delta\theta_2$ 较小时,则

$$\Delta P = P_0 P_1 - P_0 P_2 \tag{5.2}$$

以地面距离显示图像像对视差的近似公式为

$$\Delta P = h(\tan\theta_1 \pm \tan\theta_2) \tag{5.3}$$

以斜距显示图像像对视差 $\Delta P = P_0 P'_1 - P_0 P'_2$ 的近似公式为

$$\Delta P = h(\cos\theta_1 \pm \cos\theta_2) \tag{5.4}$$

式中　　　　　　$h$—— 目标相对基准面的高差;

　　　　$\theta_1,\theta_2$—— 像对左、右片的侧视角;

"+""—"符号—— 适用于对侧、同侧像对配置。

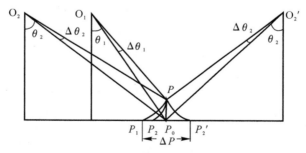

**图 5.5　SAR 图像视差**

从视差公式不难看出,对于同样高度的目标,对侧像对视差比同侧像对视差大;同侧像对视差的大小随侧视角之差( $\Delta\theta = \theta_1 - \theta_2$ 交会角)增大而增大。虽然立体量测的精度随交会角增加而提高,但重叠图像变形的差异增大,影响立体观察的效果。

从以上分析可以得出,立体量测精度和立体观察效果与构成 SAR 立体图像的交会角的大小的关系是一对矛盾体。当无人机能够保持较好的飞行航迹时,可以采用多条航带飞行方式获取的 SAR 图像构成立体图像用于立体判读和定位;但是,从无人机侦察作战使用角度来讲,无人机滞空时间越短风险性越小,而且受低空气流和风影响较大的无人机也很难控制好航带飞行,因此,最好能够依据单幅图像构建 SAR 立体图像,针对这一特点,提出了基于斜距投影的 SAR 立体图像提取算法和基于中心投影的 SAR 立体图像提取算法。

## 5.1.3　基于斜距投影的 SAR 立体图像提取

**1.算法原理与过程**

由于无人机航空像片是地面物体的中心投影,因而提取立体图像是很方便的,具有重叠度的无人机航空像片中存在着共同核线,只要将图像纠正到共同核线上即可消除上下视差,生成满足判读和定位使用的立体图像。但是由于 SAR 是基于斜距投影构像的,从像方出发无法生成完全消除上下视差的立体图像,基于此,本书提出了斜距投影的 SAR 立体图像提取方法,该方法基于物方坐标提取立体图像,提取后的立体图像消除了上下视差,保留了左右视差,与光学核线立体图像效果相似。

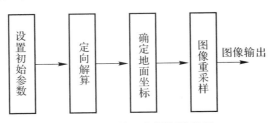

**图 5.6　立体图像提取流程图**

该方法的主要过程如图 5.6 所示,具体为:

(1)设置初始参数。初始参数的设置包括两个部分:SAR 成像参数和生成立体图像的初始摄站位置。SAR 成像参数是定向解算时的必要条件,而初始摄站位置决定了立体图像区域。

设 SAR 图像的上下边界地面坐标为 $Y_T$,$Y_B$,航高为 $H$,初始斜距为 $S_0$,$X_b$ 为纠正图像的左边界坐标(见图 5.7),初始摄站的坐标为 $(X_{S_0}, Y_{S_0}, Z_{S_0})$,则有

$$\left.\begin{array}{l} X_{S_0} = X_b - \sqrt{R_0^2 - H^2} \\ Y_{S_0} = (Y_T + Y_B)/2 \\ Z_{S_0} = H \end{array}\right\} \tag{5.5}$$

这里需要说明的是:当添加摄影基线 $B$ 采样立体图像的右图像时,改变航线后摄站坐标 $X'_{S_0}$ 如式(5.6)所示,与初始斜距 $R'_0$ 的关系如图 5.8 所示,此时的初始斜距如式(5.7)所示。

$$R'_0 = \sqrt{\left(\sqrt{R_0^2 - H^2} - B\right)^2 + H^2} \tag{5.6}$$

$$X'_{S_0} = X_{S_0} + B \tag{5.7}$$

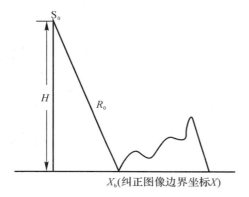

图 5.7　纠正图像边界图

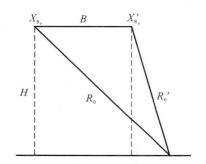

图 5.8　摄影基线与初始斜距关系图

（2）定向解算。 SAR 定向解算实现了 SAR 图像坐标和地面坐标之间的映射,定向解算模型可以根据处理问题的需要选用如 5.2 节中所述的各种模型,针对无人机信息处理中对控制点的精度和个数要求较低的特点,选用 F. Leberl 模型和基于投影差改正的多项式模型。为了确定生成立体图像的大小,在定向解算过程中还需要同时确定纠正立体图像的宽度、高度以及四个角点的坐标。

（3）确定地面坐标。由于采样立体图像是沿着 $Y$ 方向进行的,故地面坐标 $Y$ 坐标每一行都是不变的,$X$ 坐标是变化的。正是这样的特点使得该算法消除了上下视差而保留的左右视差,在局部区域还压缩或拉伸了左右视差。$X$ 坐标的计算是本算法的关键,$X$ 坐标与 $Z$ 坐标同时还存在联动关系,$X$ 坐标采用迭代解算,解算后根据 $X,Y$ 在 DEM 数据中插值获取 $Z$ 坐标,具体算法见下节所述。

（4）图像重采样。在地面坐标 $(X,Y,Z)$ 确定的前提下,依据定向参数反解图像坐标 $(x,y)$,图像坐标的计算采用 F. Leberl 模型时需要迭代解算,而采用基于投影差改正的多项式模型时可以解算后直接加上投影差。计算得到的图像坐标往往是小数,需要进行重采样获取图像灰度。

**2. 立体图像点采样方法**

如上节所述,在立体图像点的采样过程中,每一行图像 $Y$ 坐标不变,$X$ 坐标需要迭代求解,设生成立体图像的 $Y$ 方向的分辨率为 $\Delta R_Y$,斜距分辨率为 $\Delta R_S$,在每一行上图像的 $Y$ 坐标相同,如式(5.8)所示,而 $X$ 坐标则需要依据斜距分辨率进行迭代求解。

$$Y = Y_{S_o} + y\Delta R_Y \tag{5.8}$$

式中,$y$ 为以图像中心为坐标原点的图像坐标。

如图 5.9 所示,摄站为 $S$,斜距为 $R_i$,通过迭代解算该斜距实际对应的地面点($X^0$,$Y^0$,$Z^0$),并依据地面坐标反求像点坐标实现重采样。迭代过程为:

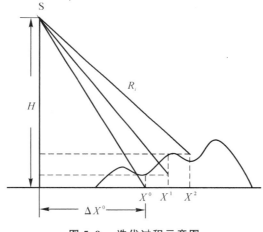

**图 5.9　迭代过程示意图**

(1) 已知采样地面坐标为 $Y^0$、初始斜距为 $R_0$。

(2) 计算 $\Delta X$ 初始值 $\Delta X^0$ 和 $X$ 初始值 $X^0$,如式(5.9)所示;

$$\Delta X = \sqrt{R_i^2 - H^2} \tag{5.9}$$

(3) 设定高程初始值为 $Z^0$,默认值设为 0。

(4) 在 DEM 数据的支持下,依据 $X^0$,$Y^0$ 内插得到新的高程值为 $Z^1$,为了抑制部分由于粗差所造成的解算不回归,在内插新的高程值后,比较保留所有迭代中高程的最小值,在不回归时可采用该高程值。

(5) 根据 $Z^1$ 计算新的 $\Delta X$,记作 $\Delta X'$,计算公式可以从图 5.9 推导出为

$$\Delta X' = \sqrt{R_i^2 - (H - Z)^2} \tag{5.10}$$

并由此计算 $\Delta X^0$ 坐标的新值 $\Delta X^1$。

（6）判断 $|\Delta X' - \Delta X^0|$ 和 $|Z^1 - Z^0|$ 是否同时小于限差，条件不满足则用新的 $X$ 坐标和 $Z$ 坐标进行迭代求解，重复（4）～（5）过程；条件满足时迭代计算结束，并根据内插的结果反求像点坐标，之后根据像点坐标进行重采样获取立体图像一个像点的图像灰度。图5.10 所示为立体图像生成流程图。

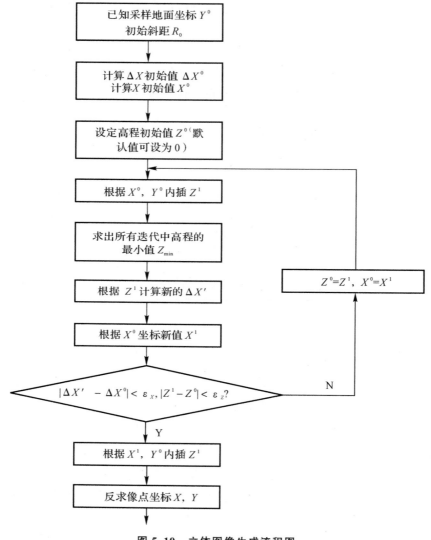

**图 5.10 立体图像生成流程图**

**3. 灰度重采样方法**

重采样时,周围像素灰度值对被采样点(非整数点位)贡献的权可用重采样函数来表达。理想的重采样函数是如图 5.11 所示的辛克(SINC)函数,其横轴上各点的幅值代表了相应点对其原点($O$)处灰度贡献的权。但由于辛克函数是定义在无穷域上的,又包括了三角函数的计算,实际使用不方便,因此人们采用了一些近似函数代替它,据此产生了三种常用的重采样算法。

(1)双三次褶积重采样法。该法用一个三次重采样函数来近似表示辛克函数(见图5.12):

$$\left.\begin{aligned} W(x_c) &= 1 - 2x_c^2 + |x_c|^3, & (0 \leqslant |x_c| \leqslant 1) \\ W(x_c) &= 4 - 8|x_c| + 5x_c^2 - |x_c|^3, & (1 \leqslant |x_c| \leqslant 2) \end{aligned}\right\} \tag{5.11}$$

式中,$x_c$ 定义为以被采样点 $p$ 为原点的邻近像素 $x$ 坐标值,其像素间隔为 1,当把式(5.11)函数作用于图像 $y$ 方向时,只须把 $x$ 换为 $y$ 即可。

设点 $p$ 为被采样点,它距离左上方最近像素的坐标差 $\Delta x, \Delta y$ 是一个小数值,即

$$\left.\begin{aligned} \Delta x &= x_p - (x_p) = x_p - x_{22} \\ \Delta y &= y_p - (y_p) = y_p - y_{22} \end{aligned}\right\} \tag{5.12}$$

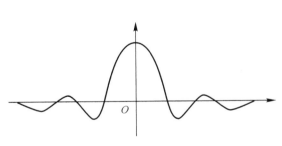

图 5.11　SINC 函数

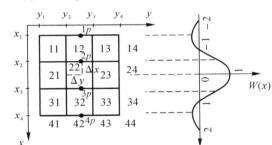

图 5.12　双三次褶积法灰度重采样

当利用三次函数对 $p$ 点灰度重采样式时,需要 $p$ 点邻近的 16 个已知像素的灰度值参加计算。

其过程如下:

a. 确定辅助点位 $1p, 2p, 3p, 4p$ 各点上的灰度值。为此需要三次重采样函数,分别沿 $x = x_1, x_2, x_3, x_4$ 的四条直线,借助各直线上的四个已知像素灰度值进行灰度重采样计算;

b. 沿 $y = y_p$ 直线,利用 $1p \sim 4p$ 各点上计算所得灰度值 $I_{1p} \sim I_{4p}$,对点的灰度值进行重采样,即

$$I_p = \sum_{i=1}^{4} W(x_{c(ip)}) I_{ip} \tag{5.13}$$

式中

$$\left.\begin{array}{l} x_{c(1p)} = -(1+\Delta x) \\ x_{c(2p)} = -\Delta x \\ x_{c(3p)} = 1-\Delta x \\ x_{c(4p)} = 2-\Delta x \end{array}\right\} \tag{5.14}$$

把式(5.14)代入式(5.11)可得

$$\left.\begin{array}{l} W_{(x_{c(1p)})} = -\Delta x + 2\Delta x^2 - \Delta x^3 \\ W_{(x_{c(2p)})} = 1 - 2\Delta x^2 + \Delta x^3 \\ W_{(x_{c(3p)})} = \Delta x + \Delta x^2 - \Delta x^3 \\ W_{(x_{c(4p)})} = -\Delta x^2 + \Delta x^3 \end{array}\right\} \tag{5.15}$$

进而代入式(5.13),于是,$I_p$ 可进一步表达为

$$I_p = \Delta x\{\Delta x[\Delta x(I_{4p} - I_{3p} + I_{2p} - I_{1p}) - I_{4p} + I_{3p} - \\ 2(I_{2p} - I_{1p})] + I_{3p} - I_{1p}\} + I_{2p} \tag{5.16}$$

回过头来,$I_{1p}, \cdots, I_{4p}$ 的计算也类似于上述过程,即

$$I_{ip} = \Delta y\{\Delta y[\Delta y(I_{i4} - I_{i3} + I_{i2} - I_{i1}) - I_{i4} + I_{i3} - \\ 2(I_{i2} - I_{i1})] + I_{i3} - I_{i1}\} + I_{i2} \tag{5.17}$$

结合式(5.16)和式(5.17)得到双三次型算式:

$$I_p = \sum_{i=1}^{4}\sum_{j=1}^{4} W(x_{c(ip)}) \cdot I_{ij} \cdot W(y_{c(ij)}) = W_x I W_y \tag{5.18}$$

式中
$$\boldsymbol{W}_x = [W(x_{c(1P)}) \quad W(x_{c(2P)}) \quad W(x_{c(3P)}) \quad W(x_{c(4P)})]$$

$$\boldsymbol{I} = \begin{bmatrix} I_{11} & I_{12} & I_{13} & I_{14} \\ I_{21} & I_{22} & I_{23} & I_{24} \\ I_{31} & I_{32} & I_{33} & I_{34} \\ I_{41} & I_{42} & I_{43} & I_{44} \end{bmatrix}$$

$$\boldsymbol{W}_y = [W(y_{c(i1)}) \quad W(y_{c(i2)}) \quad W(y_{c(i3)}) \quad W(y_{c(i4)})]$$

(2)双线性重采样法。该法的重采样函数是对辛克函数的更粗略近似,可以用如图 5.13 所示的一个三角形线性函数来表达,即

$$W(x_c) = 1 - |x_c|, \quad (0 \leqslant |x_c| \leqslant 1) \tag{5.19}$$

当实施双线性插值重采样时,需要有被采样点 $p$ 周围 4 个已知像素的灰度值参加计算,其过程与双三次褶积法类似,即

$$I_p = \sum_{i=1}^{2}\sum_{j=1}^{2} W(x_{c(ip)}) \cdot I_{ij} \cdot W(y_{c(ij)}) =$$

$$[W(x_{c(1p)}) \quad W(x_{c(2p)})] \begin{bmatrix} I_{11} & I_{12} \\ I_{21} & I_{22} \end{bmatrix} \begin{bmatrix} W(y_{c(i1)}) \\ W(y_{c(i2)}) \end{bmatrix} =$$

$$[(1-\Delta x) \quad \Delta x] \begin{bmatrix} I_{11} & I_{12} \\ I_{21} & I_{22} \end{bmatrix} \begin{pmatrix} (1-\Delta y) \\ \Delta y \end{pmatrix} =$$

$$(1-\Delta x)(1-\Delta y)I_{11} + (1-\Delta x)\Delta y I_{12} + \Delta x(1-\Delta y)I_{21} + \Delta x \Delta y I_{22} \qquad (5.20)$$

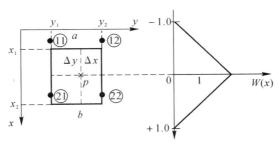

图 5.13　双线性插值法灰度重采样

（3）最邻近元采样法。该法实质是取距离被采样点最近的已知像素（$N$）灰度 $I_N$ 作为采样灰度。

函数为

$$W(x_i, y_i) = 1 \quad (x_c = x_N, y_c = y_N) \qquad (5.21)$$

采样灰度为

$$I_p = W(x_c, y_c)I_N = I_N \qquad (5.22)$$

式中
$$x_N = \text{取整}(x_p + 0.5)$$
$$y_N = \text{取整}(y_p + 0.5)$$

邻近元法采样最简单，但它将造成成像点在一个像素范围内的位移，其几何精度较前两种方法差。

## 5.1.4　基于中心投影的 SAR 立体图像提取

### 1. 中心投影的特点

若空间任意点与某一固定点连成的直线或其延长线被一平面所截，则直线与平面的交点称为空间点的中心投影。如图 5.14 所示，$m$ 点是 $M$ 点的中心投影，固定点 $S$ 称为投影中心，$MS$ 直线称为投影线，平面 $P$ 称投影面或像平面，航空像片的中心投影如图 5.15 所示。

中心投影构成的影像服从透视成像规律，是一种物体的透视图。

（1）点的像。点的像仍然是点。因为一个点只有一条投影光线，与像平面只能有一个交点，如图 5.16 中 $E$ 点的像是 $e$ 点。如果在通过投影中心同一方向上有数个空间点，它们的像仍然是一个点，如图 5.16 中 $E,F$ 点的像是同一点 $e$。

（2）直线的像。直线的像一般是直线。

（3）曲线的像。平面曲线的像一般为曲线，当包含曲线的平面通过投影中心时，则该曲线的像为一直线，不在同一平面内的空间曲线的像在任何情况下都是曲线。

（4）平面的像。平面的像一般为平面，只有当平面通过投影中心时，像为一直线。

（5）射线束的像。空间射线束的像一般为射线束，当射线束顶点的投影光线与像平面平行时，射线束的像是一组平行线。一组平行线的像一般不平行，只有当它们又平行于像平面时，其构像为平行线。

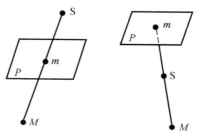

图 5.14　中心投影

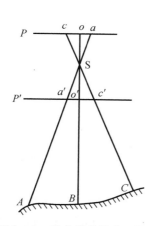

图 5.15　航空像片的中心投影

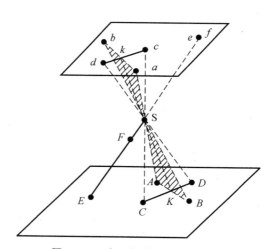

图 5.16　中心投影透视成像特征

**2. 基于中心投影的立体图像提取过程**

　　基于中心投影的立体图像提取与基于斜距投影的立体图像提取的方法是一致的,也是基于物方坐标的立体图像提取方法,不同的是选用的立体图像生成的投影方式不同,前者选用的是基于中心投影构像方式,后者选用的是基于斜距投影构像方式,具体体现在 $X$ 坐标的迭代解算上的不同。算法原理过程与 5.1.3 节相同,在此不再赘述。

　　如图 5.17 所示,设生成的中心投影立体图像的焦距为 $f$,航高为 $H$,则像方坐标 $x$ 与地面坐标差 $\Delta X$ 存在关系如式(5.23)所示:

$$\frac{f}{H} = \frac{x}{\Delta X} \tag{5.23}$$

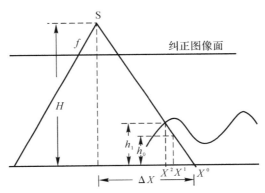

**图 5.17　中心投影立体图像提取迭代示意图**

# 5.2　SAR 图像立体定位

## 5.2.1　坐标系的定义

**1. 像平面坐标系**

　　SAR 图像既无框标,也无像主点,故图像平面坐标系要人为选取。图像的像平面坐标通常以截取的图像中某一近距离点为坐标原点 $O$,以平台运动方向(方位向)为 $x$ 轴,图像行方向(距离向)为 $y$ 轴,构成 $O$-$xy$ 像平面坐标系(右手系)。

**2. 空间坐标系**

　　(1)大地坐标系。空间一点的大地坐标用大地经度 $L$、大地纬度 $B$ 和大地高 $H$ 表示。

地面上 $P$ 点的大地子午面 $NP_0S$ 与起始大地子午面 $NGS$ 所构成的二面角 $L$,称为 $P$ 点的大地经度,由起始大地子午面起算,向东为正,向西为负;$P$ 点对于椭球的法线 $PK$ 与赤道面的夹角 $B$,称为 $P$ 点的大地纬度,由赤道面起算,向北为正,向南为负;$P$ 点沿法线到椭球面的距离 $P_0P$ 称为大地高 $H$,从椭球面起算,向外为正,向内为负,如图 5.18 所示。

(2)地心坐标系。地心坐标系通常指地心大地直角坐标系,该坐标系以地球质心 $O$ 为坐标原点,以某一地球自转平旋轴为 $Z$ 轴,指向平北极,以位于格林尼治平天文子午面与平赤道面的交线为 $X$ 轴,$Y$ 轴与 $Z$,$X$ 轴构成右手坐标系。地面点 $P$ 的位置用 $(X,Y,Z)$ 来表示,如图 5.19 所示。其中 $X=OP_1$,$Y=P_1P_2$,$Z=P_2P$。由于选定的参数不同,有不同的地心坐标系。本节方法使用的是 WGS-84 地心坐标系。

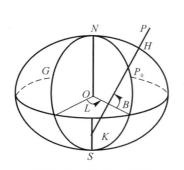

图 5.18 大地坐标系

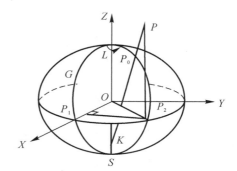

图 5.19 地心坐标系

(3)高斯-克吕格坐标系。高斯-克吕格坐标系是高斯-克吕格投影的一种坐标系,又称等角横切椭球面投影,是地球椭球面和平面间正形投影的一种。高斯投影是按一定经差分带各自进行投影,以中央经线为 $x$ 轴,向北为正,赤道投影为 $y$ 轴,向东为正,两轴交点为坐标原点,通过"邻带换算"可以将相邻带的坐标联系起来,故各带坐标成独立系统。

## 5.2.2 构像模型

### 1. F. Leberl 模型

国际著名摄影测量学者 F. Leberl 从雷达传感器成像的几何特点出发,建立了 SAR 图像的构像方程式,称之为 F. Leberl 公式。SAR 传感器的成像在距离向和方位向两个方向上采用距离条件和零多普勒频移条件两个几何条件。具体来说,其一是根据雷达波在目标上回波时间的长短来确定像点到雷达天线的距离,由此确定目标像点在距离向的位置;其二是根据雷达回波的多普勒特性,通过方位压缩处理,确定目标所在的方位向位置。

(1)距离条件。如图 5.20 所示,$D_s$ 为初始斜距(也称扫描延迟),$R_s$ 为天线 S 到地面点

$P$ 的斜距，$m_y$ 为 SAR 图像距离向分辨率，$y$ 为 SAR 图像距离向像元坐标。故对斜距图像有

$$D_s + m_y y = R_s \tag{5.24}$$

即

$$D_s + m_y y = \sqrt{(X - X_s)^2 + (Y - Y_s)^2 + (Z - Z_s)^2} \tag{5.25}$$

式中　$X_s, Y_s, Z_s$——SAR 成像时的雷达天线位置；

$X, Y, Z$—— 地面点 P 的地面坐标。

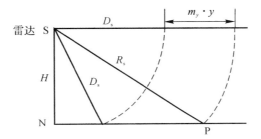

**图 5.20　F. Leberl 模型距离条件示意图**

（2）多普勒条件。在信号处理中，雷达的回波频率如式（5.26）所示：

$$f_{DC} = -\frac{2(\boldsymbol{V_S} - \boldsymbol{V_P})(\boldsymbol{S} - \boldsymbol{P})}{\lambda |\boldsymbol{S} - \boldsymbol{P}|} \tag{5.26}$$

式（5.26）可以进一步简化为

$$R \sin \tau = u_x(X - X_s) + u_y(Y - Y_s) + u_z(Z - Z_s) \tag{5.27}$$

式中　　$R$—— 天线到地面点的距离；

$\tau$—— 偏斜角；

$u_x, u_y, u_z$—— 飞机的瞬时速率。

当卫星或飞机飞行速度矢量与天线至地面点矢量保持垂直，此时 $\tau = 0$，式（5.27）即为零多普勒条件。

$$u_x(X - X_s) + u_y(Y - Y_s) + u_z(Z - Z_s) = 0 \tag{5.28}$$

**2. G. Konecny 等效共线方程**

从 SAR 图像的显示方式分析，它在距离方向的表现为线影像，沿飞行方向覆盖测绘条带，整幅 SAR 图像相当于线阵列图像，如同推扫式成像方式一样，每条线影像均对应一个天线位置，即投影中心，当雷达的速度矢量在运行中发生方向偏移变化或成像处理中多普勒中心频率估计产生偏差时，将引起图像方位向变形，其变形影响可等效为扫描线偏离标准位置引起的图像变化，可以用 $\varphi, \omega, \kappa$ 来表示扫描线的姿态参数。根据这一特点，将距

离投影方式进行中心投影等效转化,其他成像因素引起的变形等效为线影像姿态变化引起的变形,建立像点、物点和雷达天线之间的空间几何关系,用等效线中心投影即等效共线方程表述 SAR 的构像模型。

G. Konecny 于 1988 年在第 16 届国际摄影测量与遥感学会大会(ISPRS)上提出了雷达地距图像等效共线方程。之后我国肖国超推导了斜距显示图像上的坐标,使得公式也适用于斜距显示的图像。下面简单介绍一下斜距图像的构像方程及各参量的含义。

$$\left.\begin{aligned} x = 0 &= -f\frac{a_1(X_j-\Delta X-X_{Sj})+b_1(Y_j-\Delta Y-Y_{Sj})+c_1(Z_j-\Delta Z-Z_{Sj})}{a_3(X_j-\Delta X-X_{Sj})+b_3(Y_j-\Delta Y-Y_{Sj})+c_3(Z_j-\Delta Z-Z_{Sj})} \\ y_{sr} &= -f\frac{a_2(X_j-\Delta X-X_{Sj})+b_2(Y_j-\Delta Y-Y_{Sj})+c_2(Z_j-\Delta Z-Z_{Sj})}{a_3(X_j-\Delta X-X_{Sj})+b_3(Y_j-\Delta Y-Y_{Sj})+c_3(Z_j-\Delta Z-Z_{Sj})} \end{aligned}\right\}$$

(5.29)

其中,

$$\left.\begin{aligned} \Delta X &= P(X_j-X_{Sj}) \\ \Delta Y &= P(Y_j-Y_{Sj}) \end{aligned}\right\}$$

(5.30)

$$P = \frac{\sqrt{(X_j-X_{Sj})^2+(Y_j-Y_{Sj})^2}-\sqrt{(X_j-X_{Sj})^2+(Y_j-Y_{Sj})^2+(Z_j-Z_{Sj})^2}}{\sqrt{(X_j-X_{Sj})^2+(Y_j-Y_{Sj})^2}}$$

(5.31)

式中  $X_j, Y_j, Z_j$——地面点在地面空间坐标系中的坐标;

$x, y$——斜距图像的像点坐标;

$$y = y_{sr} = D_s + y_s$$

$y_s$——斜距图像上可量测到的像点距离向坐标;

$D_s$——扫描延迟;

$X_{Sj}, Y_{Sj}, Z_{Sj}$——像点所对应的天线在地面空间坐标系中的瞬时空间坐标;

$f$——等效中心投影焦距;

$a_j, b_j, c_j (j=1,2,3)$——第 $j$ 行图像线对应的传感器姿态角 $\varphi, \omega, \kappa$ 的方向余弦值。

**3. 行中心投影公式**

用行中心投影公式来描述 SAR 图像构像方程,是将 SAR 图像看作是传感器倾斜对地扫描成像的多中心投影线影像,该公式直接采用行中心投影构像的数学模型,这种处理方法是一种近似的处理方法,表达式为

$$\boldsymbol{M}_\theta \begin{bmatrix} x_i \\ 0 \\ f \end{bmatrix} = \lambda \boldsymbol{A}^{\mathrm{T}} \begin{bmatrix} X-X_{Si} \\ Y-Y_{Si} \\ Z-Z_{Si} \end{bmatrix}$$

(5.32)

或

$$x = -f \frac{a_1(X_i - X_{\mathrm{Si}}) + b_1(Y_i - Y_{\mathrm{Si}}) + c_1(Z_i - Z_{\mathrm{Si}})}{a_3(X_i - X_{\mathrm{Si}}) + b_3(Y_i - Y_{\mathrm{Si}}) + c_3(Z_i - Z_{\mathrm{Si}})}$$
$$y = 0 = -f \frac{a_2(X_i - X_{\mathrm{Si}}) + b_2(Y_i - Y_{\mathrm{Si}}) + c_2(Z_i - Z_{\mathrm{Si}})}{a_3(X_i - X_{\mathrm{Si}}) + b_3(Y_i - Y_{\mathrm{Si}}) + c_3(Z_i - Z_{\mathrm{Si}})}$$

$$(5.33)$$

式中　　　　　$y$——飞行方向；

　　　$X,Y,Z$——地面点的地面坐标；

$X_{\mathrm{Si}}, Y_{\mathrm{Si}}, Z_{\mathrm{Si}}$——第 $i$ 行线影像对应的投影中心的地面坐标；

　　　　　$\lambda$——比例因子；

　　　　　$\theta$——侧视角；

　　　　　$\boldsymbol{A}$——由第 $i$ 行线影像对应的方位角元素 $(\varphi_i, \omega_i, \kappa_i)$ 构成的旋转矩阵。

**4. 基于投影差改正的多项式模型**

中国测绘科学研究院的黄国满研究员从 SAR 距离成像特点以及地形起伏对 SAR 成像等因素的影响,提出了基于投影差改正的多项式模型,该模型综合考虑了 SAR 的成像特点以及地形起伏的影响,具有较好的处理效果,能够满足 SAR 图像纠正和定位解算的需要。

引起 SAR 图像变形的因素很多,其中大多数变形都可以通过多项式纠正方法得到改正。但是,因高差引起的变形很难通过一般的多项式纠正方法进行改正。该模型主要是在原有的多项式纠正方法的基础上,在多项式纠正中引入投影差改正。

地形起伏在雷达图像上引起的像点位移情况如图 5.21 所示。设地面点 P′ 上的高程为 $h$,其图像坐标为 $X'_P = \lambda R_P$,其中 $\lambda$ 为成像比例尺,P 是 P′ 点在地面基准面上的投影点,其斜距可近似地表达为

$$R_P \approx R'_P + h\cos\theta \qquad (5.34)$$

式中,$\theta$ 是 P′ 点的成像角。

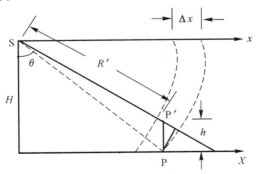

**图 5.21　地形起伏对雷达图像的影响**

于是相应的因地形起伏产生的位移为

$$\Delta X = X'_P - X_P \approx -\lambda \cos \theta \tag{5.35}$$

设地面分辨率为 $s$，则可将 $\Delta X$ 换算到像点单位：

$$\Delta x \approx -h \cos \theta / s \tag{5.36}$$

式中，$\cos \theta = (H - h)/R$。

因此，因地形起伏引起的像点位移为

$$\Delta x \approx -h(H - h)/R/s \tag{5.37}$$

式（5.34）是投影差的近似表达式，如果要严格计算，可以通过直角三角形边的关系得到：

$$\Delta X = R - \sqrt{(R^2 - (H-h)^2) + H^2} = R - \sqrt{R^2 + (2H - h)h} \tag{5.38}$$

由于高差引起的投影差主要影响距离向位移，因此，在方位向不考虑投影差改正，可用下式进行多项式正射纠正（以二次为例）：

$$\left. \begin{array}{l} x + \Delta x = a_0 + a_1 X + a_2 Y + a_3 X^2 + a_4 XY + a_5 Y^2 \\ y = b_0 + b_1 X + b_2 Y + b_3 X^2 + b_4 XY + b_5 Y^2 \end{array} \right\} \tag{5.39}$$

式中　$x, y$——像点坐标；

　　　　$X, Y$——地面坐标。

当航高未知时，$\Delta x$ 也是未知数，式（5.39）必须修正。考虑式（5.37），则式（5.39）变为

$$\left. \begin{array}{l} x + h^2/R/s = a_0 + a_1 X + a_2 Y + a_3 X^2 + a_4 XY + a_5 Y^2 + Hh/R/s \\ y = b_0 + b_1 X + b_2 Y + b_3 X^2 + b_4 XY + b_5 Y^2 \end{array} \right\} \tag{5.40}$$

而如果考虑（5.38）式，由于 $\Delta x$ 不是 $H$ 的线性函数，需要对其线性化。

令　　　　　　$F_x = a_0 + a_1 X + a_2 Y + a_3 X^2 + a_4 XY + a_5 Y^2 - (x + \Delta x)$

由于　　　　　　$\mathrm{d}\Delta x = (-h/\sqrt{R^2 + (2H - h)h}/s)\mathrm{d}H$

因而

$$\mathrm{d}F_x = \mathrm{d}a_0 + X\mathrm{d}a_1 + Y\mathrm{d}a_2 + X^2\mathrm{d}a_3 + XY\mathrm{d}a_4 + Y^2\mathrm{d}a_5 +$$
$$(h/\sqrt{R^2 + (2H - h)h}/s)\mathrm{d}H \tag{5.41}$$

利用式（5.40），即可实现 $x$ 方向的多项式正射纠正，不过需要迭代求解，而 $y$ 方向纠正方法不变。

## 5.2.3　DEM 支持的立体定位

本部分研究的是基于斜距投影的立体图像提取和基于中心投影的立体图像提取两种方法情况下的立体定位方法，由于这两种立体图像的提取都是建立在 DEM 数据基础上，

因此统称这两种定位方法为 DEM 支持的立体定位。

**1. 基于斜距投影的立体图像定位**

在斜距投影的情况下，如图 5.22 所示，$S_0$ 为左摄站，$S_1$ 为右摄站，航高 $H$，地面物体 $A$ 的坐标为 $(X_A, Y_A, h)$，左摄站坐标为 $(X_{S_0}, Y_{S_0}, Z_{S_0})$，右摄站坐标为 $(X_{S_1}, Y_{S_1}, Z_{S_1})$，地面物体 $A$ 在左图像上的斜距为 $R_{A0}$，在右图像上的斜距为 $R_{A1}$，左图像初始斜距为 $R_0$，右图像初始斜距为 $R_1$，斜距分辨率为 $\Delta R$，则有

$$\left.\begin{array}{l} R_{A0} = R_0 + x_0 \Delta R \\ R_{A1} = R_1 + x_1 \Delta R \end{array}\right\} \tag{5.42}$$

式中　$x_0$ —— 左图像坐标；

　　　$x_1$ —— 右图像坐标。

依据斜距投影的关系，不难得出如下关系：

$$\left.\begin{array}{l} R_{A0}^2 = (X_A - X_{S_0})^2 + (H - h)^2 \\ R_{A1}^2 = (X_A - X_{S_1})^2 + (H - h)^2 \end{array}\right\} \tag{5.43}$$

解式 (5.43) 构成的方程组，得地面物体 $A$ 的横坐标为

$$X_A = \frac{(R_{A0}^2 - R_{A1}^2) - (X_{S_0}^2 - X_{S_1}^2)}{2(X_{S_1} - X_{S_0})} \tag{5.44}$$

地面物体 A 的高程为

$$h = H - \sqrt{R_{A0}^2 - (X_A - X_{S_0})^2} \tag{5.45}$$

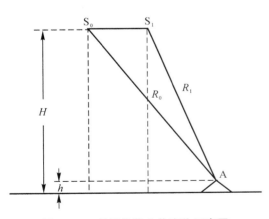

图 5.22　斜距投影立体定位示意图

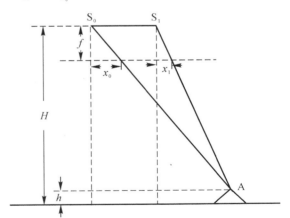

图 5.23　中心投影立体定位示意图

**2. 基于中心投影的立体图像定位**

在中心投影的情况下，如图 5.23 所示，$S_0$ 为左摄站，$S_1$ 为右摄站，焦距为 $f$，航高 $H$，地

---

面物体 A 的坐标为 $(X_A, Y_A, h)$，左摄站坐标为 $(X_{S_0}, Y_{S_0}, Z_{S_0})$，右摄站坐标为 $(X_{S_1}, Y_{S_1}, Z_{S_1})$，根据相似关系可得

$$\left.\begin{aligned}\frac{x_0}{X_A-X_{S_0}}=\frac{f}{H-h}\\\frac{x_1}{X_A-X_{S_1}}=\frac{f}{H-h}\end{aligned}\right\} \tag{5.46}$$

式中　$x_0$——地面点 A 在摄站 $S_0$ 成像像点坐标；
　　　$x_1$——地面点 A 在摄站 $S_1$ 成像像点坐标；
　　　$X_A$——地面点 A 的地面坐标；
　　　$X_{S_0}$——摄站 $S_0$ 的地面坐标；
　　　$X_{S_1}$——摄站 $S_1$ 的地面坐标。

将式(5.46)进行整理得：

$$\left.\begin{aligned}X_A=\frac{x_1X_{S_0}-x_0X_{S_1}}{x_1-x_0}\\h=H-\frac{f}{x_0}(X_A-X_{S_0})\end{aligned}\right\} \tag{5.47}$$

式(5.47)为中心投影情况下目标立体定位公式，公式中不含 $Y_A$ 坐标是因为 $Y_A$ 坐标可以直接通过图像纵坐标直接读取。

## 5.2.4　无 DEM 支持的立体定位

在没有 DEM 数据的情况下，无法生成能够较好消除上下视差的立体图像，在这种情况下，只能采用两幅能够构成立体图像的原始 SAR 图像进行立体定位，立体定位解算可以采用 5.2.2 中的各种模型，常采用 F. Leberl 模型和基于投影差改正的多项式模型。

**1. 基于 F. Leberl 模型的立体定位**

F. Leberl 构像模型，因其解求参数较少，距离和多普勒频移两个条件符合雷达的成像机理等原因，定位精度较高。

F. Leberl 模型是根据雷达图像像点的距离条件和零多普勒条件来表达雷达图像瞬时构像的数学模型，两个条件的表达式如式(5.25)和式(5.28)所示。

由于无人机载 SAR 的飞行平台容易受到不稳定气流、导航精度不够等因素的影响，航迹不可能是一条空间直线，因而对于式(5.25)和式(5.28)中所涉及的雷达天线的轨迹不能使用一次参数方程来进行模拟。同时，载机的姿态参数是时间的函数，而像素坐标与时间又存在线性关系，因此载机的姿态参数可以由下式表示：

$$
\left.\begin{array}{l}
X_S = a_0 + a_1 T + a_2 T^2 + a_3 T^3 \\
Y_S = b_0 + b_1 T + b_2 T^2 + b_3 T^3 \\
Z_S = c_0 + c_1 T + c_2 T^2 + c_3 T^3 \\
v_X = a_1 + 2a_2 T + 3a_3 T^2 \\
v_Y = b_1 + 2b_2 T + 3b_3 T^2 \\
v_Z = c_1 + 2c_2 T + 3c_3 T^2 \\
T = m_x x
\end{array}\right\} \tag{5.48}
$$

式中　　　　　　　　　$m_x$—— 方位向像元大小；

　　　　　　　　　　　$x$—— 方位向像点坐标；

　　$a_i , b_i , c_i (i = 0,1,2,3)$—— 多项式拟合参数。

　　将式(5.48)分别代入式(5.25)和式(5.28)，即可得到传统方法解求 F. Leberl 模型的方程式：

$$
\left.\begin{array}{l}
f = (D_s + m_y y) - \sqrt{[(X - X_S)^2 + (Y - Y_S)^2 + (Z - Z_S)^2]} \\
g = v_X (X - X_S) + v_Y (Y - Y_S) + v_Z (Z - Z_S)
\end{array}\right\} \tag{5.49}
$$

式中　　$D_s$—— 扫描延迟；

　　　　$m_y$—— 距离向像元大小；

　　　　$y$—— 距离向像点坐标。

　　依据 F. Leberl 数学模型进行立体解算可以分为雷达天线姿态参数解算和地面三维坐标解算两个环节。

　　(1)雷达天线姿态参数解算。在左右两幅图像上分别选取一定数量的控制点，利用式(5.49)解算参数 $a_i , b_i , c_i$，实现雷达天线姿态参数的解算，这一过程实际上是摄影测量学中的空间后方交会。

　　式(5.25)为非线性方程，为了解算参数，需要对该式进行线性化。

　　设：$M = [X - (a_0 + a_1 T + a_2 T^2 + a_3 T^3)]^2 + [Y - (b_0 + b_1 T + b_2 T^2 + b_3 T^3)]^2 +$ $[Z - (c_0 + c_1 T + c_2 T^2 + c_3 T^3)]^2$

　　式(5.25)线性化的结果如下：

$$
\frac{\partial f}{\partial a_0} = [X - (a_0 + a_1 T + a_2 T^2 + a_3 T^3)] / \sqrt{M}
$$

$$
\frac{\partial f}{\partial b_0} = [Y - (b_0 + b_1 T + b_2 T^2 + b_3 T^3)] / \sqrt{M}
$$

$$
\frac{\partial f}{\partial c_0} = [Z - (c_0 + c_1 T + c_2 T^2 + c_3 T^3)] / \sqrt{M}
$$

$$
\frac{\partial f}{\partial a_1} = T[X - (a_0 + a_1 T + a_2 T^2 + a_3 T^3)] / \sqrt{M}
$$

$$\frac{\partial f}{\partial b_1} = T[Y - (b_0 + b_1 T + b_2 T^2 + b_3 T^3)] / \sqrt{M}$$

$$\frac{\partial f}{\partial c_1} = T[Z - (c_0 + c_1 T + c_2 T^2 + c_3 T^3)] / \sqrt{M}$$

$$\frac{\partial f}{\partial a_2} = T^2[X - (a_0 + a_1 T + a_2 T^2 + a_3 T^3)] / \sqrt{M}$$

$$\frac{\partial f}{\partial b_2} = T^2[Y - (b_0 + b_1 T + b_2 T^2 + b_3 T^3)] / \sqrt{M}$$

$$\frac{\partial f}{\partial c_2} = T^2[Z - (c_0 + c_1 T + c_2 T^2 + c_3 T^3)] / \sqrt{M}$$

$$\frac{\partial f}{\partial a_3} = T^3[X - (a_0 + a_1 T + a_2 T^2 + a_3 T^3)] \sqrt{M}$$

$$\frac{\partial f}{\partial b_3} = T^3[Y - (b_0 + b_1 T + b_2 T^2 + b_3 T^3)] / \sqrt{M}$$

$$\frac{\partial f}{\partial c_3} = T^3[Z - (c_0 + c_1 T + c_2 T^2 + c_3 T^3)] / \sqrt{M}$$

式(5.28) 线性化的结果如下:

$$\frac{\partial g}{\partial a_0} = -(a_1 + 2a_2 T + 3a_3 T^2)$$

$$\frac{\partial g}{\partial b_0} = -(b_1 + 2b_2 T + 3b_3 T^2)$$

$$\frac{\partial g}{\partial c_0} = -(c_1 + 2c_2 T + 3c_3 T^2)$$

$$\frac{\partial g}{\partial a_1} = [X - (a_0 + a_1 T + a_2 T^2 + a_3 T^3)] - T(a_1 + 2a_2 T + 3a_3 T^2)$$

$$\frac{\partial g}{\partial b_1} = [Y - (b_0 + b_1 T + b_2 T^2 + b_3 T^3)] - T(b_1 + 2b_2 T + 3b_3 T^2)$$

$$\frac{\partial g}{\partial c_1} = [Z - (c_0 + c_1 T + c_2 T^2 + c_3 T^3)] - T(c_1 + 2c_2 T + 3c_3 T^2)$$

$$\frac{\partial g}{\partial a_2} = 2T[X - (a_0 + a_1 T + a_2 T^2 + a_3 T^3)] - T^2(a_1 + 2a_2 T + 3a_3 T^2)$$

$$\frac{\partial g}{\partial b_2} = 2T[Y - (b_0 + b_1 T + b_2 T^2 + b_3 T^3)] - T^2(b_1 + 2b_2 T + 3b_3 T^2)$$

$$\frac{\partial g}{\partial c_2} = 2T[Z - (c_0 + c_1 T + c_2 T^2 + c_3 T^3)] - T^2(c_1 + 2c_2 T + 3c_3 T^2)$$

$$\frac{\partial g}{\partial a_3} = 3T^2[X - (a_0 + a_1 T + a_2 T^2 + a_3 T^3)] - T^3(a_1 + 2a_2 T + 3a_3 T^2)$$

$$\frac{\partial g}{\partial b_3} = 3T^2 \left[ Y - (b_0 + b_1 T + b_2 T^2 + b_3 T^3) \right] - T^3 (b_1 + 2b_2 T + 3b_3 T^2)$$

$$\frac{\partial g}{\partial c_3} = 3T^2 \left[ Z - (c_0 + c_1 T + c_2 T^2 + c_3 T^3) \right] - T^3 (c_1 + 2c_2 T + 3c_3 T^2)$$

模型方程线性化后即可依据间接平差解求模型的参数值,误差方程为

$$V = BX - L \tag{5.50}$$

式中

$$V = \begin{bmatrix} V_{f_1} & \cdots & V_{f_n} & V_{g_1} & \cdots & V_{g_n} \end{bmatrix}^T$$

$$B = \begin{bmatrix}
\frac{\partial f_1}{\partial a_0} & \cdots & \frac{\partial f_1}{\partial a_3} & \frac{\partial f_1}{\partial b_0} & \cdots & \frac{\partial f_1}{\partial b_3} & \frac{\partial f_1}{\partial c_0} & \cdots & \frac{\partial f_1}{\partial c_3} \\
\vdots & \cdots & \vdots & \vdots & \cdots & \vdots & \vdots & \cdots & \vdots \\
\frac{\partial f_n}{\partial a_0} & \cdots & \frac{\partial f_n}{\partial a_3} & \frac{\partial f_n}{\partial b_0} & \cdots & \frac{\partial f_n}{\partial b_3} & \frac{\partial f_n}{\partial c_0} & \cdots & \frac{\partial f_n}{\partial c_3} \\
\frac{\partial g_1}{\partial a_0} & \cdots & \frac{\partial g_1}{\partial a_3} & \frac{\partial g_1}{\partial b_0} & \cdots & \frac{\partial g_1}{\partial b_3} & \frac{\partial g_1}{\partial c_0} & \cdots & \frac{\partial g_1}{\partial c_3} \\
\vdots & \cdots & \vdots & \vdots & \cdots & \vdots & \vdots & \cdots & \vdots \\
\frac{\partial g_n}{\partial a_0} & \cdots & \frac{\partial g_n}{\partial a_3} & \frac{\partial g_n}{\partial b_0} & \cdots & \frac{\partial g_n}{\partial b_3} & \frac{\partial g_n}{\partial c_0} & \cdots & \frac{\partial g_n}{\partial c_3}
\end{bmatrix}$$

$$X = \begin{bmatrix} da_0 & \cdots & da_3 & db_0 & \cdots & db_3 & dc_0 & \cdots & dc_3 \end{bmatrix}^T$$

$$L = \begin{bmatrix} -f_1^0 & \cdots & -f_n^0 & -g_1^0 & \cdots & -g_n^0 \end{bmatrix}^T$$

利用式(5.50)进行最小二乘求解即可解出雷达天线飞行轨迹参数。由于方程为非线性方程,解算需要迭代求解,当未知参数的修正量小于限值时解算完毕。

(2)地面三维坐标解算。空间后方交会解算两幅图像的雷达天线飞行轨迹参数后,立体像对中的每一对同名像点即可列出一组方程,如式(5.51)所示。

$$\left. \begin{aligned}
F_l &= D_{Sl} + m_y y_l - \sqrt{(X - X_{Sl})^2 + (Y - Y_{Sl})^2 + (Z - Z_{Sl})^2} = 0 \\
G_l &= u_{xl}(X - X_{sl}) + u_{yl}(Y - Y_{Sl}) + u_{zl}(Z - Z_{Sl}) = 0 \\
F_r &= D_{sr} + m_y y_r - \sqrt{(X - X_{Sr})^2 + (Y - Y_{Sr})^2 + (Z - Z_{Sr})^2} = 0 \\
G_r &= u_{xr}(X - X_{sr}) + u_{yr}(Y - Y_{Sr}) + u_{zr}(Z - Z_{Sr}) = 0
\end{aligned} \right\} \tag{5.51}$$

式中　$X_{Sl}, Y_{Sl}, Z_{Sl}, u_{xl}, u_{yl}, u_{zl}$ —— 左图像所对应的雷达天线位置及瞬时速率;

$X_{Sr}, Y_{Sr}, Z_{Sr}, u_{xr}, u_{yr}, u_{zr}$ —— 右图像所对应的雷达天线位置及瞬时速率;

$y_l, y_r$ —— 同名点对应的像点距离向坐标。

对式(5.51)进行线性化,得

$$\frac{\partial F_l}{\partial X} = -\frac{X - X_{Sl}}{\sqrt{(X - X_{Sl})^2 + (Y - Y_{Sl})^2 + (Z - Z_{Sl})^2}}$$

$$\frac{\partial F_1}{\partial Y} = -\frac{Y - Y_{Sl}}{\sqrt{(X - X_{Sl})^2 + (Y - Y_{Sl})^2 + (Z - Z_{Sl})^2}}$$

$$\frac{\partial F_1}{\partial Z} = -\frac{Z - Z_{Sl}}{\sqrt{(X - X_{Sl})^2 + (Y - Y_{Sl})^2 + (Z - Z_{Sl})^2}}$$

$$\frac{\partial G_1}{\partial X} = u_{xl}$$

$$\frac{\partial G_1}{\partial Y} = u_{yl}$$

$$\frac{\partial G_1}{\partial Z} = u_{zl}$$

同理可推导 $\dfrac{\partial F_r}{\partial X}, \dfrac{\partial F_r}{\partial Y}, \dfrac{\partial F_r}{\partial Z}, \dfrac{\partial G_r}{\partial X}, \dfrac{\partial G_r}{\partial Y}, \dfrac{\partial G_r}{\partial Z}$,形式与上相同。

构建误差方程式如式(5.52)所示:

$$V = BX - L \tag{5.52}$$

式中

$$V = \begin{bmatrix} V_{F_1} & V_{G_1} & V_{F_r} & V_{G_r} \end{bmatrix}^T$$

$$B = \begin{bmatrix} \dfrac{\partial F_1}{\partial X} & \dfrac{\partial F_1}{\partial Y} & \dfrac{\partial F_1}{\partial Z} \\[2mm] \dfrac{\partial G_1}{\partial X} & \dfrac{\partial G_1}{\partial Y} & \dfrac{\partial G_1}{\partial Z} \\[2mm] \dfrac{\partial F_r}{\partial X} & \dfrac{\partial F_r}{\partial Y} & \dfrac{\partial F_r}{\partial Z} \\[2mm] \dfrac{\partial G_r}{\partial X} & \dfrac{\partial G_r}{\partial Y} & \dfrac{\partial G_r}{\partial Z} \end{bmatrix}$$

$$X = \begin{bmatrix} dX & dY & dZ \end{bmatrix}^T$$

$$L = \begin{bmatrix} -F_1^0 & -G_1^0 & -F_r^0 & -G_r^0 \end{bmatrix}^T$$

对式(5.52)按照最小二乘原理迭代求出未知量的最优解。

**2. 基于投影差改正的多项式模型立体定位**

5.2.2 中论述了基于投影差改正的多项式数学模型,从式(5.37)可以看出,投影差与地面点的高程值是相关的,当利用控制点将多项式的未知参数求解完毕之后,可以将地面的三维坐标 $(X, Y, Z)$ 都视为未知量,然后利用两张立体图像对中的同名点进行立体定位。

对于一幅立体图像对,左右两幅图像上的每个同名点都可以按照式(5.40)列出两个方程。其表达式如下:

$$
\left.\begin{aligned}
x_1 + h^2/R_1/s_1 &= a_{10} + a_{11}X + a_{12}Y + a_{13}X^2 + a_{14}XY + a_{15}Y^2 + H_1h/R_1/s_1 \\
y_1 &= b_{10} + b_{11}X + b_{12}Y + b_{13}X^2 + b_{14}XY + b_{15}Y^2 \\
x_r + h^2/R_r/s_r &= a_{r0} + a_{r1}X + a_{r2}Y + a_{r3}X^2 + a_{r4}XY + a_{r5}Y^2 + H_rh/R_r/s_r \\
y_r &= b_{r0} + b_{r1}X + b_{r2}Y + b_{r3}X^2 + b_{r4}XY + b_{r5}Y^2
\end{aligned}\right\}
\tag{5.53}
$$

式中　　　　　　　　　$x_1, y_1, x_r, y_r$ —— 同名点在左、右图像中的像点坐标；

$R_1, R_r$ —— 同名点对应的地面目标到雷达天线的斜距；

$s_1, s_r$ —— 左右两幅图像距离向的像元大小；

$a_{10} \cdots a_{15}, b_{10} \cdots b_{15}, a_{r0} \cdots a_{r5}, b_{r0} \cdots b_{r5}$ —— 左右图像对应的模型参数；

$X, Y, h$ —— 同名点对应的地面坐标。

对于立体定位的步骤,同样采取后方交会 — 前方交会两个环节实现定位解算,在计算过程中,需要在左右两幅图像对上分别选择至少六个控制点进行建模,解求模型的多项式系数,然后利用图像对上的同名点,迭代解出地面点的三维坐标。

(1) 多项式参数解算。多项式参数的求解可以先将式(5.40)作如下变形:

$$
\begin{aligned}
f &= a_0 + a_1X + a_2Y + a_3X^2 + a_4XY + a_5Y^2 + Hh/R/s - x - h^2/R/s \\
g &= b_0 + b_1X + b_2Y + b_3X^2 + b_4XY + b_5Y^2 - y
\end{aligned}
\tag{5.54}
$$

由于式(2.54)中的模型参数与函数值间都是线性的,因此可以直接对 $n$ 个控制点列出误差方程。假设上式的近似值为 $f^0, g^0$,则误差方程为

$$
V = BX - L
\tag{5.55}
$$

式中

$$
V = [V_{f_1} \quad \cdots \quad V_{f_n} \quad V_{g_1} \quad \cdots \quad V_{g_n}]^T
$$

$$
B =
\begin{bmatrix}
1 & X_1 & Y_1 & X_1^2 & X_1Y_1 & Y_1^2 & 0 & 0 & 0 & 0 & 0 & 0 \\
\vdots & \vdots & \vdots & \vdots & \vdots & \vdots & \vdots & \vdots & \vdots & \vdots & \vdots & \vdots \\
1 & X_n & Y_n & X_n^2 & X_nY_n & Y_n^2 & 0 & 0 & 0 & 0 & 0 & 0 \\
0 & 0 & 0 & 0 & 0 & 0 & 1 & X_1 & Y_1 & X_1^2 & X_1Y_1 & Y_1^2 \\
\vdots & \vdots & \vdots & \vdots & \vdots & \vdots & \vdots & \vdots & \vdots & \vdots & \vdots & \vdots \\
0 & 0 & 0 & 0 & 0 & 0 & 1 & X_n & Y_n & X_n^2 & X_nY & Y_n^2
\end{bmatrix}
$$

$$
X = [\mathrm{d}a_0 \quad \cdots \quad \mathrm{d}a_5 \quad \mathrm{d}b_0 \quad \cdots \quad \mathrm{d}b_5]^T
$$

$$
L = [-f_1^0 \quad \cdots \quad -f_n^0 \quad -g_1^0 \quad \cdots \quad -g_n^0]^T
$$

按照最小二乘原理,对误差方程式进行迭代求解,完成参数解算。

(2) 地面三维坐标解算。对式(5.53)进行如下变形:

$$
\left.
\begin{aligned}
F_1 &= a_{l0} + a_{l1}X + a_{l2}Y + a_{l3}X^2 + a_{l4}XY + a_{l5}Y^2 + (H_1h - h^2)/R_1/s_1 - x_1 \\
G_1 &= b_{l0} + b_{l1}X + b_{l2}Y + b_{l3}X^2 + b_{l4}XY + b_{l5}Y^2 - y_1 \\
F_r &= a_{r0} + a_{r1}X + a_{r2}Y + a_{r3}X^2 + a_{r4}XY + a_{r5}Y^2 + (H_rh - h^2)/R_r/s_r - x_r \\
G_r &= b_{r0} + b_{r1}X + b_{r2}Y + b_{r3}X^2 + b_{r4}XY + b_{r5}Y^2 - y_r
\end{aligned}
\right\}
\quad (5.56)
$$

对式(5.56)进行线性化,因此,得

$$\frac{\partial F_1}{\partial X} = a_{l1} + 2a_{l3}X + a_{l4}Y$$

$$\frac{\partial F_1}{\partial Y} = a_{l2} + 2a_{l5}Y + a_{l4}X$$

$$\frac{\partial F_1}{\partial Z} = (H_1 - 2h)/R_1/s_1$$

$$\frac{\partial G_1}{\partial X} = b_{l1} + 2b_{l3}X + b_{l4}Y$$

$$\frac{\partial G_1}{\partial Y} = b_{l2} + 2b_{l5}Y + b_{l4}X$$

$$\frac{\partial G_1}{\partial Z} = 0$$

$F_r, G_r$ 式的线性化结果与上类似,建立解算地面三维坐标的误差方程式:

$$
\begin{bmatrix} V_{F_1} \\ V_{G_1} \\ V_{F_r} \\ V_{G_r} \end{bmatrix}
=
\begin{bmatrix}
\frac{\partial F_1}{\partial X} & \frac{\partial F_1}{\partial Y} & \frac{\partial F_1}{\partial Z} \\
\frac{\partial G_1}{\partial X} & \frac{\partial G_1}{\partial Y} & \frac{\partial G_1}{\partial Z} \\
\frac{\partial F_r}{\partial X} & \frac{\partial F_r}{\partial Y} & \frac{\partial F_r}{\partial Z} \\
\frac{\partial G_r}{\partial X} & \frac{\partial G_r}{\partial Y} & \frac{\partial G_r}{\partial Z}
\end{bmatrix}
\begin{bmatrix} \mathrm{d}X \\ \mathrm{d}Y \\ \mathrm{d}Z \end{bmatrix}
-
\begin{bmatrix} -F_1^0 \\ -G_1^0 \\ -F_r^0 \\ -G_r^0 \end{bmatrix}
\quad (5.57)
$$

根据式(5.57),未知数三个,每对同名点可列四个方程,代入未知点坐标,按照最小二乘原理迭代求解地面坐标。

# 5.3 立体定位精度分析

分析 5.2.3 和 5.2.4 立体定位原理可知,影响地面点坐标计算精度的因素主要包括方位参数的精度和同名点像点坐标量测精度两个方面,其中,方位参数的计算精度取决于控制点坐标的量测精度。为简便起见,假定方位参数是正确的,下面讨论同名点坐标量测误差对定位精度的影响。

　　无论是通过人工方式还是计算机匹配方式进行立体定位,均是在左图像上选定目标,在右图像上匹配同名点,完成定位解算。在分析精度时,认为左图像上的点无量测误差,而在右图像上寻找出来的同名像点相对其正确位置存在方位向和距离向的量测误差。

## 5.3.1　方位向量测误差的影响

　　方位向量测误差主要影响天线中心的位置,如图 5.24(a)所示。设左像点天线中心位置为 $S_1$,右像点正确位置对应的天线中心为 $S_2$,错误位置对应的天线位置为 $S'_2$,当距离向无误差时,可认为求出的距离 $R_1$,$R_2$ 不变。此时,地面交会点由 $P$ 变成为 $P'$ 点。为简单起见,假定两轨道平行,沿方位向 $Y$ 方向飞行,而天线中心 $S'_2$ 位置误差在 $X$,$Z$ 方向上分量忽略不计。可得:

$$|P'-P| = |Pa|/\cos\alpha \tag{5.58}$$

其中,$\alpha < \beta$,而 $\beta = \arctan(b/R_1)$。一般而言,$b \ll R_1$,则 $\alpha$ 是小角度,因此由式(5.58)可以看出,方位向量测误差对定位结果的影响成线性关系,$P'$ 点相对于 $P$ 在 $X$,$Y$,$Z$ 三个方向都有误差。

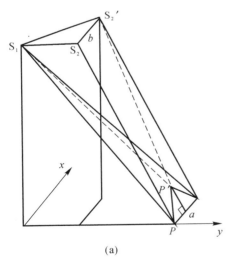

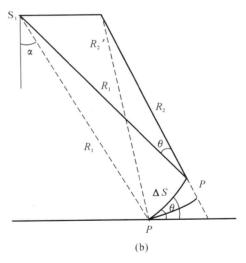

(a)　　　　　　　　　　　　　　　　　(b)

**图 5.24　右像点坐标量测误差**

### 5.3.2 初始斜距对定位精度的影响

初始斜距,也称扫描延迟,其对立体定位精度的影响主要可以分为定向参数解算和前方交会两个方面。这里假设控制点和图像坐标的量测都是准确的。

当利用控制点进行后方交会求解雷达天线外方位元素时,初始斜距会直接影响地面点到雷达天线间的斜距值,从而会使得雷达天线的成像位置产生误差。解放军信息工程大学的高力利用实测数据对此进行了研究,发现初始斜距的量测误差对一幅雷达图像方位向和距离向误差变化影响很小,对航高的计算值影响相对较大。

在雷达天线定位参数求出之后,利用同名点的像点坐标进行前方交会解求地面点的三维坐标时,如图 5.25 所示,左航线的初始斜距是准确的,右航线的初始斜距 $D_s$ 有测量误差 $QP_1 = \Delta D_s$,假设摄站 $S_1$ 和 $S_2$ 的扫描面是重合的,摄站 $S_1$ 的位置是准确的,摄站 $S_2$ 的位置存在误差,$\angle BS_1P_1$ 左侧雷达俯视角 $\angle \alpha$,$\angle S_2P_1S_1$ 是交会角 $\angle \beta$。

从图 5.25 中可以得到如下的关系式:

距离向误差为

$$P_1T \approx \frac{\Delta D_s}{\sin \angle \beta} \sin \angle \alpha$$

高程误差为

$$P_2T \approx \frac{\Delta D_s}{\sin \angle \beta} \cos \angle \alpha$$

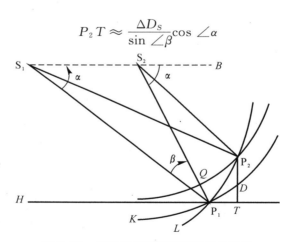

**图 5.25 初始斜距误差引起的定位误差**

从上面的两个式子中可以得到如下结论:
(1) 当交会角 $\angle \beta = 90°$ 时,定位精度最高;
(2) 当俯视角 $\angle \beta = 45°$ 时,高程误差等于距离向误差;

（3）$\angle \alpha < 45°$ 时,高程误差大于距离向误差;

（4）$\angle \alpha < 90°$ 时,高程误差小于距离向误差。

### 5.3.3　距离向量测误差的影响

如图5.24(b)所示,距离向量测误差直接影响计算出的斜距 $R_2$。设由正确的斜距 $R_1$, $R_2$ 得到的交会点为 $P$,距离向量测误差导致右斜距产生 $dR$ 的误差,使得交会点由 $P$ 点变为 $P'$ 点。

距离向坐标量测误差会直接影响斜距 $R_2$,根据定位模型,从而产生对定向参数解算和前方交会精度的影响,由此可以看出,距离向量测误差的影响与初始斜距误差的影响相同,如 5.3.2 节所述。

由于以上这些因素的影响,导致 SAR 图像定位无论用哪种定位模型,都不可避免地会产生误差。这些误差有系统误差也有测量误差,从实际处理问题来看,这些误差只能尽力减小,不可能完全消除。

# 5.4　试验与分析

**1.试验内容**

（1）SAR 立体图像提取。

（2）SAR 图像立体定位。

**2.试验数据**

试验 SAR 图像方位向像元大小为 2.711 44,距离向像元大小为 0.909 4,图像如图 5.26所示,立体图像提取所用的 DEM 数据分辨率为 25 m。

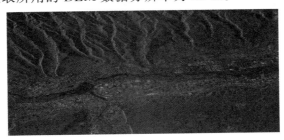

**图 5.26　试验用 SAR 图像**

**3. 立体图像提取试验**

  基于斜距投影的立体图像像对如图 5.27 所示。基于中心投影的立体图像像对如图 5.28 所示。

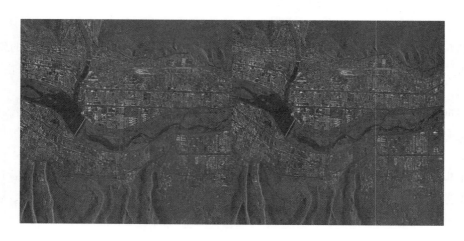

**图 5.27  基于斜距投影的立体图像像对**

**图 5.28  基于中心投影的立体图像像对**

  为了验证生成图像的上下视差消除情况,试验中选取了 36 个控制点,并在生成的立体图像中测量点的坐标,表 5.1 所示为基于中心投影的立体图像像对检查点左右视差和上下视差情况。

表 5.1　立体图像检查点左右视差和上下视差表　　　　　　　　单位:像素

| 检查点序号 | 左图像 $x$ | 右图像 $x$ | 左图像 $y$ | 右图像 $y$ | 左右视差 | 上下视差 |
|---|---|---|---|---|---|---|
| 0 | 1 526 | 1 462 | 2 113 | 2 113 | 64 | 0 |
| 2 | 2 840 | 2 776 | 2 276 | 2 276 | 64 | 0 |
| 3 | 3 728 | 3 664 | 1 669 | 1 669 | 64 | 0 |
| 10 | 4 887 | 4 824 | 2 339 | 2 339 | 63 | 0 |
| 14 | 1 708 | 1 644 | 2 421 | 2 421 | 64 | 0 |
| 15 | 4 883 | 4 820 | 2 233 | 2 233 | 63 | 0 |
| 21 | 1 847 | 1 783 | 2 334 | 2 334 | 64 | 0 |
| 22 | 5 090 | 5 153 | 1 793 | 1 793 | −63 | 0 |
| 24 | 3 972 | 4 036 | 1 951 | 1 951 | −64 | 0 |
| 25 | 3 861 | 3 798 | 2 126 | 2 126 | 63 | 0 |
| 26 | 4 251 | 4 315 | 2 104 | 2 104 | −64 | 0 |
| 29 | 3 775 | 3 712 | 2 236 | 2 236 | 63 | 0 |
| 33 | 1 046 | 979 | 1 805 | 1 805 | 67 | 0 |
| 38 | 1 687 | 1 748 | 2 123 | 2 123 | −61 | 0 |
| 41 | 3 681 | 3 591 | 3 056 | 3 056 | 90 | 0 |
| 42 | 2 917 | 3 008 | 3 049 | 3 049 | −91 | 0 |
| 45 | 4 260 | 4 169 | 3 134 | 3 134 | 91 | 0 |
| 46 | 4 037 | 4 128 | 3 314 | 3 314 | −91 | 0 |
| 47 | 5 514 | 5 424 | 3 103 | 3 103 | 90 | 0 |
| 48 | 1 242 | 1 330 | 3 455 | 3 455 | −88 | 0 |
| 49 | 6 475 | 6 387 | 3 205 | 3 205 | 88 | 0 |
| 52 | 1 932 | 2 014 | 2 569 | 2 569 | −82 | 0 |
| 54 | 1 639 | 1 703 | 1 355 | 1 355 | −64 | 0 |
| 55 | 7 430 | 7 366 | 1 414 | 1 414 | 64 | 0 |
| 58 | 4 558 | 4 624 | 1 607 | 1 607 | −66 | 0 |
| 59 | 2 097 | 2 032 | 1 716 | 1 716 | 65 | 0 |
| 60 | 6 496 | 6 583 | 3 037 | 3 037 | −87 | 0 |
| 61 | 1 218 | 1 130 | 2 975 | 2 975 | 88 | 0 |
| 64 | 6 927 | 6 990 | 2 249 | 2 249 | −63 | 0 |
| 65 | 2 609 | 2 543 | 3 182 | 3 182 | 66 | 0 |
| 66 | 3 174 | 3 267 | 3 388 | 3 388 | −93 | 0 |
| 67 | 4 104 | 4 020 | 2 700 | 2 700 | 84 | 0 |
| 68 | 2 174 | 2 258 | 2 672 | 2 672 | −84 | 0 |
| 69 | 1 241 | 1 175 | 2 579 | 2 579 | 66 | 0 |
| 70 | 5 809 | 5 875 | 2 528 | 2 528 | −66 | 0 |
| 71 | 2 821 | 2 756 | 2 560 | 2 560 | 65 | 0 |

通过试验,不难得出:

(1)基于斜距投影的立体图像提取方法和基于中心投影的立体图像提取方法能够生成较好地消除上下视差的左右图像,满足了立体判读和立体定位处理对立体图像的需求。

(2)在具有 DEM 数据支持的情况下,提出的立体图像提取算法解决了利用单幅 SAR 图像提取立体图像的问题,减少了无人机飞行架次,提高了无人机信息处理效率。

(3)与相邻航线构建的立体图像相比,基于斜距投影的立体图像提取方法和基于中心投影的立体图像提取方法提取的立体图像具有立体判读效果好,判读方便等优点。

### 4. 立体定位试验

定位试验选择和定向解算不同的控制点作为检查点,计算检查点的地面坐标以检验定位精度。

(1)"基于斜距投影的立体图像提取"方法的定位试验结果如表 5.2 所示。

表 5.2　基于斜距投影的立体图像定位误差　　　　　　　　单位:m

| 定位误差<br>点号 | $X$ 坐标 | $Y$ 坐标 | 高程 | 左图像 $x$ | 右图像 $x$ | 图像 $y$ | $\Delta X$ | $\Delta Y$ | $\Delta Z$ |
|---|---|---|---|---|---|---|---|---|---|
| 3 | 16 699 985.08 | 3 904 083.92 | 588.59 | 2 001 | 1 761 | 3 331 | −5.62 | 7.07 | −14.61 |
| 10 | 16 702 075.11 | 3 906 766.48 | 574.41 | 2 765 | 2 450 | 4 669 | −10.39 | 0.51 | −3.88 |
| 13 | 16 696 278.04 | 3 906 830.83 | 599.27 | 642 | 536 | 4 700 | −5.05 | −1.84 | −6.46 |
| 17 | 16 698 385.17 | 3 908 394.40 | 593.36 | 1 414 | 1 231 | 5 492 | 3.56 | 18.6 | −1.85 |
| 20 | 16 697 861.13 | 3 905 270.76 | 579.09 | 1 227 | 1 063 | 3 921 | 9.97 | 0.23 | 6.87 |
| 22 | 16 698 018.74 | 3 904 595.85 | 582.65 | 1 285 | 1 115 | 3 581 | 14.33 | −4.86 | 6.52 |
| 24 | 16 700 027.67 | 3 905 214.72 | 583.01 | 2 024 | 1 782 | 3 897 | 11 | 8.27 | −13.02 |
| 25 | 16 700 225.29 | 3 905 913.04 | 583.80 | 2 090 | 1 841 | 4 248 | 0.44 | 11.96 | −6.85 |
| 26 | 16 699 549.80 | 3 905 838.04 | 586.33 | 1 840 | 1 616 | 4 203 | −11.86 | −3.05 | −13.37 |
| 31 | 16 696 532.07 | 3 905 207.10 | 587.78 | 739 | 624 | 3 891 | −2.62 | 3.89 | −5.36 |
| 33 | 16 695 123.75 | 3 904 636.68 | 611.74 | 219 | 154 | 3 606 | 7.98 | 4.31 | 2.64 |
| 38 | 16 704 174.40 | 3 905 902.10 | 566.12 | 3 538 | 3 148 | 4 241 | −7.47 | 8.9 | −3.29 |
| 41 | 16 699 634.96 | 3 909 646.67 | 827.94 | 1 786 | 1 550 | 6 109 | −9.34 | 0.33 | −2.86 |
| 43 | 16 701 100.73 | 3 908 763.03 | 780.41 | 2 342 | 2 054 | 5 669 | 6.37 | 3.96 | 2.91 |
| 44 | 16 703 176.11 | 3 910 258.02 | 820.59 | 3 087 | 2 723 | 6 414 | 5.65 | −1.02 | 6.3 |
| 45 | 16 700 654.94 | 3 909 964.33 | 827.95 | 2 162 | 1 888 | 6 264 | 10.82 | −7.34 | 9.76 |

续　表

| 定位误差<br>点号 | X 坐标 | Y 坐标 | 高程 | 左图像 $x$ | 右图像 $x$ | 图像 $y$ | $\Delta X$ | $\Delta Y$ | $\Delta Z$ |
|---|---|---|---|---|---|---|---|---|---|
| 46 | 16 699 646.82 | 3 910 670.58 | 838.75 | 1 785 | 1 548 | 6 620 | −9.02 | −1.58 | 2.3 |
| 47 | 16 702 682.82 | 3 911 272.18 | 837.72 | 2 901 | 2 555 | 6 922 | −6.17 | 0.81 | −8.24 |
| 48 | 16 704 706.52 | 3 911 246.54 | 805.80 | 3 649 | 3 231 | 6 909 | −2.31 | 0.45 | 10.6 |
| 49 | 16 704 688.44 | 3 910 239.31 | 801.30 | 3 647 | 3 230 | 6 405 | −0.68 | −0.31 | 3.23 |
| 50 | 16 704 906.64 | 3 908 892.79 | 780.32 | 3 736 | 3 311 | 5 737 | 14.9 | 10.21 | 14.82 |
| 51 | 16 702 651.94 | 3 908 937.12 | 812.04 | 2 896 | 2 552 | 5 758 | −9.5 | 7.88 | −4.7 |
| 52 | 16 703 519.67 | 3 907 680.39 | 756.14 | 3 240 | 2 866 | 5 131 | 12.28 | 10.61 | −1.65 |
| 54 | 16 704 218.77 | 3 902 825.20 | 593.06 | 3 550 | 3 157 | 2 705 | 5.87 | 13.8 | −3.25 |
| 58 | 16 698 961.78 | 3 903 833.16 | 593.33 | 1 622 | 1 418 | 3 208 | 1.21 | 11.83 | 3.03 |
| 59 | 16 697 028.07 | 3 904 282.10 | 600.42 | 919 | 785 | 3 425 | 8.58 | −3.1 | −3.74 |
| 60 | 16 695 269.09 | 3 909 557.84 | 803.27 | 201 | 124 | 6 068 | −0.11 | 7.15 | 9.4 |
| 61 | 16 695 234.78 | 3 909 321.58 | 802.55 | 191 | 115 | 5 946 | 6.82 | −0.59 | 10.21 |
| 64 | 16 694 720.96 | 3 906 418.20 | 594.83 | 80 | 31 | 4 494 | 1.89 | −1.2 | −9.05 |
| 65 | 16 697 943.50 | 3 910 151.69 | 607.98 | 1 242 | 1 075 | 6 359 | −10.88 | −4.69 | −0.25 |
| 66 | 16 701 176.99 | 3 910 971.22 | 861.85 | 2 344 | 2 051 | 6 768 | 0.87 | −6.23 | −8.4 |
| 67 | 16 700 436.59 | 3 908 219.73 | 771.55 | 2 099 | 1 835 | 5 398 | 5.46 | 5.26 | 10.94 |
| 68 | 16 703 069.00 | 3 908 091.13 | 760.81 | 3 069 | 2 711 | 5 338 | 5.87 | 13.87 | 3.8 |
| 69 | 16 695 485.06 | 3 907 737.55 | 605.76 | 352 | 274 | 5 155 | 6.84 | 1.45 | 3.12 |
| 70 | 16 696 707.49 | 3 907 525.68 | 605.84 | 798 | 676 | 5 052 | −1.36 | 7.32 | −7.66 |
| 71 | 16 698 319.81 | 3 907 646.55 | 596.53 | 1 391 | 1 210 | 5 114 | 9.81 | 10.45 | −0.86 |
| 73 | 16 699 683.73 | 3 907 265.05 | 594.46 | 1 892 | 1 662 | 4 919 | 8.09 | 1.95 | −9.11 |
| 75 | 16 705 367.92 | 3 907 827.86 | 742.68 | 3 917 | 3 477 | 5 207 | 11.9 | 15.13 | 14.91 |
| 78 | 16 704 196.62 | 3 902 632.43 | 592.47 | 3 540 | 3 148 | 2 609 | 0.39 | 14.56 | −3.05 |
| 79 | 16 702 228.68 | 3 902 534.51 | 607.68 | 2 815 | 2 493 | 2 558 | 1.13 | 10.49 | −6.45 |

定位精度中误差分别为 $M_x = \pm 7.54$ m，$M_y = \pm 6.58$ m，$M_z = \pm 7.63$ m，平面最大误差为 18.60 m，高程最大误差为 14.91 m。

（2）"基于中心投影的立体图像提取"方法的定位试验结果如表 5.3 所示。

表 5.3　基于中心投影的立体图像定位误差　　　　　　　　　单位:m

| 定位误差点号 | X 坐标 | Y 坐标 | 高程 | 左图像 x | 右图像 x | 图像 y | ΔX | ΔY | ΔZ |
|---|---|---|---|---|---|---|---|---|---|
| 0 | 16 696 007.34 | 3 905 849.02 | 590.64 | 1 526 | 1 462 | 2 113 | 9.43 | 21.97 | −2.06 |
| 1 | 16 698 704.01 | 3 907 031.62 | 601.84 | 3 018 | 2 954 | 2 402 | −4.73 | −4.62 | −13.25 |
| 3 | 16 699 985.08 | 3 904 083.92 | 588.59 | 3 728 | 3 664 | 1 669 | −9.27 | 11.07 | 0 |
| 10 | 16 702 075.11 | 3 906 766.48 | 574.41 | 4 887 | 4 824 | 2 339 | −5.62 | 8.51 | 5 |
| 13 | 16 696 278.04 | 3 906 830.83 | 599.27 | 1 663 | 1 599 | 2 352 | −14.95 | −3.84 | −10.68 |
| 15 | 16 702 057.57 | 3 906 344.92 | 580.05 | 4 883 | 4 820 | 2 233 | 4.73 | 6.07 | −0.65 |
| 21 | 16 696 596.36 | 3 906 768.66 | 600.61 | 1 847 | 1 783 | 2 334 | −2.45 | −13.66 | −12.03 |
| 22 | 16 698 018.74 | 3 904 595.85 | 582.65 | 2 642 | 2 579 | 1 793 | 14.33 | −4.86 | −3.25 |
| 24 | 16 700 027.67 | 3 905 214.72 | 583.01 | 3 760 | 3 696 | 1 951 | 5.67 | 8.27 | 5.58 |
| 25 | 16 700 225.29 | 3 905 913.04 | 583.80 | 3 861 | 3 798 | 2 126 | −0.51 | 9.96 | −4.4 |
| 29 | 16 700 061.12 | 3 906 360.98 | 585.11 | 3 775 | 3 712 | 2 236 | 9.04 | 2.02 | −5.71 |
| 33 | 16 695 123.75 | 3 904 636.68 | 611.74 | 1 046 | 979 | 1 805 | 0.75 | 2.31 | 4.41 |
| 38 | 16 704 174.40 | 3 905 902.10 | 566.12 | 6 045 | 5 984 | 2 123 | −3.04 | 8.9 | −5.1 |
| 41 | 16 699 634.96 | 3 909 646.67 | 827.94 | 3 681 | 3 591 | 3 056 | 0.63 | −3.67 | −0.62 |
| 42 | 16 701 663.13 | 3 909 613.47 | 840.00 | 4 815 | 4 724 | 3 049 | 0.49 | 1.53 | −3.5 |
| 43 | 16 701 100.73 | 3 908 763.03 | 780.41 | 4 475 | 4 390 | 2 837 | 11.03 | 3.96 | 1.01 |
| 44 | 16 703 176.11 | 3 910 258.02 | 820.59 | 5 649 | 5 560 | 3 209 | 6.04 | −3.02 | −2.45 |
| 45 | 16 700 654.94 | 3 909 964.61 | 827.95 | 4 260 | 4 169 | 3 134 | 11.31 | −9.34 | 8.55 |
| 46 | 16 699 646.82 | 3 910 670.58 | 838.75 | 3 695 | 3 604 | 3 314 | 4.09 | 4.42 | −2.26 |
| 48 | 16 704 706.52 | 3 911 246.54 | 805.80 | 6 490 | 6 402 | 3 455 | −3.07 | −7.55 | 3.16 |
| 49 | 16 704 688.44 | 3 910 239.31 | 801.30 | 6 475 | 6 387 | 3 205 | −11.95 | −0.31 | 7.66 |
| 50 | 16 704 906.64 | 3 908 892.79 | 780.32 | 6 595 | 6 509 | 2 872 | 5.36 | 14.21 | 10.29 |
| 51 | 16 702 651.94 | 3 908 937.12 | 812.04 | 5 349 | 5 261 | 2 882 | 0.96 | 9.88 | −3.08 |
| 52 | 16 703 519.67 | 3 907 680.39 | 756.14 | 5 800 | 5 718 | 2 569 | 3.15 | 14.61 | −2.26 |

续　表

| 定位误差<br>点号 | X 坐标 | Y 坐标 | 高程 | 左图像 x | 右图像 x | 图像 y | ΔX | ΔY | ΔZ |
|---|---|---|---|---|---|---|---|---|---|
| 54 | 16 704 218.77 | 3 902 825.20 | 593.06 | 6 093 | 6 029 | 1 355 | 9.14 | 13.8 | −4.47 |
| 55 | 16 706 616.26 | 3 903 061.12 | 588.84 | 7 430 | 7 366 | 1 414 | 15.48 | 13.87 | −0.25 |
| 58 | 16 698 961.78 | 3 903 833.16 | 593.33 | 3 174 | 3 108 | 1 607 | −1.67 | 13.83 | 13.63 |
| 59 | 16 697 028.07 | 3 904 282.10 | 600.42 | 2 097 | 2 032 | 1 716 | 5.53 | 0.9 | −2.64 |
| 60 | 16 695 269.09 | 3 909 557.84 | 803.27 | 1 236 | 1 149 | 3 037 | 1.87 | 9.15 | −3.49 |
| 61 | 16 695 234.78 | 3 909 321.58 | 802.55 | 1 218 | 1 130 | 2 975 | −5.92 | −2.59 | 6.41 |
| 64 | 16 694 720.96 | 3 906 418.20 | 594.83 | 805 | 742 | 2 249 | 9.25 | −3.2 | −15.43 |
| 65 | 16 697 943.50 | 3 910 151.69 | 607.98 | 2 609 | 2 543 | 3 182 | 0.82 | −4.69 | −1.02 |
| 66 | 16 701 176.99 | 3 910 971.22 | 861.85 | 4 558 | 4 465 | 3 388 | 5.07 | −0.23 | −7 |
| 68 | 16 703 069.00 | 3 908 091.13 | 760.81 | 5 558 | 5 474 | 2 672 | −0.92 | 15.87 | 11.43 |
| 69 | 16 695 485.06 | 3 907 737.55 | 605.76 | 1 241 | 1 175 | 2 579 | −0.22 | −2.55 | 1.2 |
| 70 | 16 696 707.49 | 3 907 525.68 | 605.84 | 1 923 | 1 857 | 2 528 | 3.49 | 5.32 | 1.12 |
| 71 | 16 698 319.81 | 3 907 646.55 | 596.53 | 2 821 | 2 756 | 2 560 | 15.47 | 12.45 | 1.24 |

计算分析可得：

定位精度中误差分别为 $M_x = \pm 7.07$ m，$M_y = \pm 8.18$ m，$M_z = \pm 6.50$ m，平面最大误差为 21.97 m，高程最大误差为 15.43 m。

（3）无 DEM 数据支持情况下，基于 F.Leberl 模型和基于投影差改正的多项式模型的检查点解算坐标值如表 5.4 和表 5.5 所示。

计算分析可得：

基于 F.Leberl 模型的定位精度中误差分别为 $M_x = \pm 0.86$ m，$M_y = \pm 0.60$ m，$M_z = \pm 3.92$ m；基于投影差改正的多项式模型的定位精度中误差分别为 $M_x = \pm 0.75$ m，$M_y = \pm 3.22$ m，$M_z = \pm 3.69$ m。

表 5.4　基于 F. Leberl 模型的立体定位误差　　　　　　　　　　单位:m

| 定位误差<br>点号 | X 坐标 | Y 坐标 | 高程 | ΔX | ΔY | ΔZ |
|---|---|---|---|---|---|---|
| 1 | 281 981.90 | 3 669 284.03 | 499.28 | 0.59 | −0.47 | 4.59 |
| 2 | 282 803.25 | 3 680 607.86 | 412.34 | −1.57 | 0.31 | −6.48 |
| 3 | 282 168.80 | 3 669 442.36 | 499.30 | 0.14 | −0.45 | 3.13 |
| 4 | 287 271.90 | 3 619 850.78 | 467.44 | 0.47 | −0.62 | 1.18 |
| 5 | 289 298.27 | 3 651 008.83 | 403.26 | −0.53 | 0.68 | −4.31 |
| 6 | 282 407.44 | 3 610 083.38 | 473.10 | 0.65 | −0.51 | 1.50 |
| 7 | 284 677.24 | 3 661 103.39 | 427.00 | −0.97 | 0.96 | −4.85 |
| 8 | 283 741.85 | 3 670 401.79 | 493.38 | 0.65 | −0.17 | 2.29 |
| 9 | 285 902.56 | 3 680 995.25 | 397.95 | −1.84 | 0.35 | −8.93 |
| 10 | 284 076.90 | 3 630 542.39 | 463.12 | 0.39 | 0.12 | 0.80 |
| 11 | 282 490.22 | 3 670 447.01 | 455.64 | −1.53 | 0.41 | −4.33 |
| 12 | 281 039.85 | 3 669 341.68 | 473.48 | 0.55 | −0.69 | 3.33 |
| 13 | 285 897.30 | 3 650 839.38 | 449.31 | −0.76 | 0.88 | −2.80 |
| 14 | 283 878.00 | 3 610 971.44 | 454.80 | 0.14 | 1.00 | 0.01 |
| 15 | 287 348.15 | 3 649 887.52 | 476.34 | 0.28 | −0.56 | 1.10 |

表 5.5　基于投影差改正的多项式立体图像定位误差　　　　　　单位:m

| 定位误差<br>点号 | X 坐标 | Y 坐标 | 高程 | ΔX | ΔY | ΔZ |
|---|---|---|---|---|---|---|
| 1 | 281 981.90 | 3 669 284.03 | 499.28 | 0.83 | 2.38 | 3.92 |
| 2 | 282 803.25 | 3 680 607.86 | 412.34 | −0.30 | −3.91 | −5.83 |
| 3 | 282 168.80 | 3 669 442.36 | 499.30 | 0.83 | 4.28 | 2.67 |
| 4 | 287 271.90 | 3 619 850.78 | 467.44 | 0.92 | −2.42 | −4.21 |
| 5 | 289 298.27 | 3 651 008.83 | 403.26 | −0.90 | −5.03 | −6.81 |
| 6 | 282 407.44 | 3 610 083.38 | 473.10 | 0.84 | −0.38 | −0.83 |

续　表

| 定位误差\点号 | X 坐标 | Y 坐标 | 高程 | ΔX | ΔY | ΔZ |
|---|---|---|---|---|---|---|
| 7 | 284 677.24 | 3 661 103.39 | 427.00 | −1.08 | 3.15 | 2.43 |
| 8 | 283 741.85 | 3 670 401.79 | 493.38 | 0.34 | 4.48 | 3.77 |
| 9 | 285 902.56 | 3 680 995.25 | 397.95 | −0.54 | −1.20 | −2.14 |
| 10 | 284 076.90 | 3 630 542.39 | 463.12 | −0.02 | 1.27 | 5.37 |
| 11 | 282 490.22 | 3 670 447.01 | 455.64 | −0.29 | 4.45 | 3.95 |
| 12 | 281 039.85 | 3 669 341.68 | 473.48 | 0.98 | −3.19 | −2.00 |
| 13 | 285 897.30 | 3 650 839.38 | 449.31 | −0.75 | 4.08 | 1.92 |
| 14 | 283 878.00 | 3 610 971.44 | 454.80 | −0.87 | 3.87 | 2.70 |
| 15 | 287 348.15 | 3 649 887.52 | 476.34 | 0.89 | 0.38 | 0.74 |

通过以上试验数据可以看出：

（1）在具有 DEM 数据支持的情况下，采用基于斜距投影的立体图像提取和基于中心投影的立体图像提取的方法生成的立体图像进行定位，能够获得较好的立体定位精度，这两种方法不仅适用于机载 SAR 图像立体定位，而且适用于星载 SAR 图像立体定位。

（2）基于 F. Leberl 模型定位方法具有需要定位控制点少，精度高等优点，比较适合图像较小的无人机载 SAR 立体定位处理；在试验中发现，当控制点精度较差时，F. Leberl 模型收敛速度慢，甚至有不收敛的情况出现，这是该模型在使用过程中的缺点。

（3）基于投影差改正的多项式模型在定向解算过程中无须迭代处理，具有计算速度快的优点，该模型在计算中考虑了投影差的改正问题，因此定位精度比一般多项式高，在无人机信息处理中给定的控制点精度不高的前提下该模型仍然能够进行定位解算，具有较好的稳定性。

（4）在无 DEM 支持情况下，基于投影差改正的多项式立体图像定位误差中，Y 方向误差要大于 X 方向误差，主要原因在于 X 方向考虑到了投影差改正，故其精度较高，在实际应用中可以考虑 X 和 Y 方向均进行投影差改正，也可以坐标旋转后进行一个方向改正，计算后再进行逆变换。

（5）在 DEM 支持下基于单幅图像的立体定位要比立体像对构建立体的定位精度低，主要原因在于 DEM 支持下的立体定位精度受到 DEM 的精度影响。

# 5.5 本 章 小 结

　　本章研究了 SAR 立体图像特点和立体成像方式,在此基础上,依据无人机飞行特点和信息处理需要,提出了两种 SAR 立体图像提取方法,即基于斜距投影的立体图像提取和基于中心投影的立体图像提取,并详细地阐述了这两种方法的原理及其实现过程,生成的立体图像消除了上下视差,与传统的仅仅使用相邻航带构成的立体图像相比,立体效果好,立体畸变小,不仅提高了判读效率,而且能够大大减轻判读人员的立体判读疲劳;在 SAR 立体图像提取的基础上,提出了基于 DEM 支持的立体定位方法,同时深入研究了无 DEM 支持的立体定位方法,并对影响定位精度的因素进行了分析,从试验结果可以看出,这两种定位方式均能满足无人机信息处理和情报获取的需要。

# 第6章 无人机载 SAR 正射影像提取与单片定位

在无人机信息处理方面,正射影像是一种基础性的情报产品。正射影像不仅统一了图像比例尺利于图像判读,而且可以和 DEM 数据结合用于电子沙盘的制作,具有广泛的用途。对于 SAR 图像,斜距变形使得图像与人的视觉相差较大,不易判读使用,SAR 正射影像则解决了该问题,同时 SAR 正射影像还是无人机多源图像融合分析的基础图像数据,因此,研究无人机载 SAR 正射影像提取的方法具有重要的意义。在 SAR 正射影像中可以直接读出某个目标的坐标信息,但作为定位使用,正射影像并不方便,因为纠正过程中丢失了部分信息。本章同时研究了基于单幅 SAR 图像的定位问题,解决了无立体图像无法定位的问题,增加了无人机载 SAR 图像定位手段。

## 6.1 SAR 正射影像提取原理

SAR 正射影像提取就是依据原始 SAR 图像,消除 SAR 图像的几何畸变的过程,也即几何纠正过程。从被纠正的最小单元来区分几何纠正的类别,可以分为两类:一类是点元素纠正,另一类是线元素纠正。对于 SAR 数字图像而言,图像是由像元素排列而成的矩阵,其处理的最基本的单元是像素。因此,对 SAR 数字影像进行数字微分纠正,在原理上最适合点元素微分纠正,本节主要研究 SAR 图像数字微分纠正生成正射影像的方法。

### 6.1.1 正射纠正方案

数字微分纠正其基本任务是实现两个二维图像之间的几何变换。在数字微分纠正过程中,首先确定原始图像与纠正后图像之间的几何关系。设任意像元在原始图像和纠正后图像中的坐标分别为$(x,y)$和$(X,Y)$。它们之间存在着映射关系:

$$\left.\begin{array}{l} x = f_x(X,Y) \\ y = f_y(X,Y) \end{array}\right\} \tag{6.1}$$

$$\left.\begin{array}{l} X = \varphi_x(x,y) \\ Y = \varphi_y(x,y) \end{array}\right\} \tag{6.2}$$

公式(6.1)由纠正后的像点 $P$ 坐标$(X,Y)$出发反求在原始图像上像点 $p$ 的坐标$(x,$ $y)$,这种方法称为反解法(或称为间接解法),而公式(6.2)则反之。由原始图像上像点坐标$(x,y)$解求纠正后图像上相应点坐标$(X,Y)$,这种方法称为正解法(或称直接解法)。

**1.直接法数字微分纠正**

直接法数字微分纠正的原理如图 6.1 所示,它是从原始图像出发,将原始图像上逐个像元素,用正解公式求得纠正后的像点坐标。

这一方案在使用过程中主要存在两个问题:

(1) 在纠正图像上所得到的像点非规律排列,有的像元素内可能出现"空白"现象,有的可能重复(多个像点),因此难以实现通过灰度内插,获得规则排列的纠正数字图像;

(2) 在纠正时,必须先知道 $Z$,但 $Z$ 又是待定量$(X,Y)$的函数,为此,要由$(x,y)$求得$(X,Y)$,需要迭代解算。

**2.间接法数字微分纠正**

间接法数字微分纠正的原理如图 6.1 所示,由纠正后影像像点坐标反求原始影像上相应像点坐标,若计算的像点坐标不是整数值,则须进行重采样得到该像点的灰度,同时把计算得到的像点的灰度值赋予纠正后影像上相应点位上。

由于间接法数字微分纠正不需要迭代求解,计算简便,同时可以严格按照规定的范围进行纠正,因而常常采用间接微分纠正法进行正射影像提取。

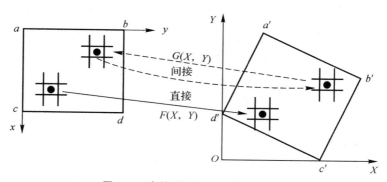

**图 6.1 直接法、间接法纠正原理图**

## 6.1.2 SAR 正射纠正模型

SAR 正射纠正模型主要有以下几种:

(1)F. Leberl 纠正模型。该纠正模型如式(5.25)和式(5.28)所示,该模型考虑了传感器外方位元素中线元素的变化,解算中需要迭代计算,该算法的优点是需要控制点个数较少。

(2)G. Konecny 纠正模型。该纠正模型如式(5.29)所示,该模型考虑了传感器外方位元素的变化以及地形起伏的变化,公式形式与摄影测量中常用的共线条件方程类似,便于应用。但是,该模型忽视了 SAR 影像侧视投影的特点,只是从传统光学影像成像的特点去解释,因而只是一种模拟光学影像的处理方法。

(3)多项式模型。多项式纠正的基本思想是把 SAR 图像的总体变形,用一个适当的多项式表达,即用一个合适的多项式来描述纠正前、后相应点的坐标关系。

一般多项式纠正算法的正确形式描述了地面点到影像点的坐标关系:

$$\left.\begin{aligned}
u = a_{00} + a_{10}X + a_{01}Y + a_{20}X^2 + a_{11}XY + a_{02}Y^2 + a_{30}X^3 + \\
a_{21}X^2Y + a_{12}XY^2 + a_{03}Y^3 + \cdots \\
v = b_{00} + b_{10}X + b_{01}Y + b_{20}X^2 + b_{11}XY + b_{02}Y^2 + b_{30}X^3 + \\
b_{21}X^2Y + b_{12}XY^2 + b_{03}Y^3 + \cdots
\end{aligned}\right\} \quad (6.3)$$

式中　$(u,v)$——　像点的像平面坐标;

　　　$(X,Y)$——　对应地面点的大地坐标;

　　　$a_{ij}$,$b_{ij}$——　多项式系数。

传统的一般多项式只考虑了地面平面二维坐标和像点之间的关系,忽略了地形起伏引起的影像变形,所以它虽然解算简便,运算量较小,但仅适合于地形起伏平缓地区的图像纠正。

(4)基于投影差改正的多项式模型。该方法详见第 5 章所述,方法不但比较严密,而且简单实用,易于实现,精度较高。

(5)直接线性变换(DLT)模型。直接线性变换直接建立像平面坐标与物空间坐标的关系式,形式简单,解算简便,不需要传感器参数,但是由于它没有考虑 SAR 成像特点,纠正精度较低,适合要求不高的场合。

在正射影像提取过程中,考虑到无人机作战使用的特点,采用 F. Leberl 模型、基于投影差改正的多项式模型和 DLT 模型三种纠正方法。

## 6.1.3　SAR 正射影像提取过程

SAR 正射影像提取过程与航空像片正射影像提取的过程类似,不同的只是定向参数解算方法,如图 6.2 所示。

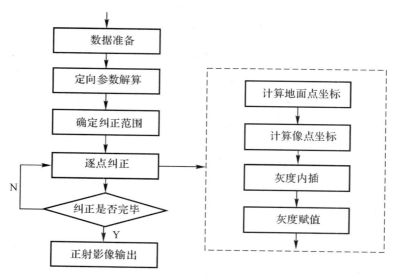

图 6.2　正射影像提取流程图

（1）数据准备。SAR 正射纠正包括以下数据：SAR 图像、SAR 成像主要技术参数（距离向分辨率、方位向分辨率、初始斜距）、地面控制点（控制点最少个数视纠正数学模型而定）、DEM 数据。

（2）定向参数解算。依据纠正数学模型，利用地面控制点以及 SAR 技术参数进行定向参数解算。

（3）计算地面点坐标。设正射影像上任意一点 $p$ 的坐标为 $(X',Y')$，由正射影像左下角图廓点地面坐标 $(X_0,Y_0)$ 与正射影像比例尺分母 $M$ 计算 $p$ 点对应的地面坐标 $(X_p,Y_p)$：

$$\left.\begin{array}{l} X_p = X_0 + MX' \\ Y_p = Y_0 + MY' \end{array}\right\} \tag{6.4}$$

（4）计算像点坐标。依据纠正模型，由 $p(X,Y,Z)$ 计算出 SAR 图像像点坐标 $p(x,y)$，式中 $Z$ 是 $P$ 点的高程，由 DEM 内插求得。

（5）灰度内插。由于所得的像点坐标不一定落在像元素中心，为此必须进行灰度内插，灰度内插可以采用最邻近插值方法、双线性内插方法、双三次褶积方法，综合计算量和内插精度一般采用双线性内插，求得像点 $p$ 的灰度值 $g(x,y)$。

（6）灰度赋值。最后将像点 $p$ 的灰度赋值给纠正后像元素 ，即

$$G(X,Y) = g(x,y) \tag{6.5}$$

依次对每个纠正像元素完成上述运算，即能获得 SAR 正射影像。

## 6.1.4 基于 F.Leberl 的正射影像提取

通过第 5 章知道 F.Leberl 模型如式(6.6)所示:

$$\left.\begin{array}{l} f = -(D_s + m_y y) + \sqrt{[(X-X_s)^2 + (Y-Y_s)^2 + (Z-Z_s)^2]} \\ g = v_X(X-X_s) + v_Y(Y-Y_s) + v_Z(Z-Z_s) \end{array}\right\} \tag{6.6}$$

(1) 定向参数解算。式(6.6)建立了像点坐标和地面坐标之间的数学关系,为了提取正射影像,首先依据一定数量的控制点解算雷达天线姿态参数,即定向参数解算,该过程同立体定位解算一致。

(2) 像点坐标解算。解算参数后,通过地面坐标解算像点坐标,为了建立地面坐标与像点的关系式,对式(6.6)进行线性化得。

令
$$M = \frac{1}{\sqrt{(X-X_s)^2 + (Y-Y_s)^2 + (Z-Z_s)^2}}$$

$$\frac{\partial f}{\partial x} = -M m_x [(X-X_s)v_X + (Y-Y_s)v_Y + (Z-Z_s)v_Z]$$

$$\frac{\partial f}{\partial y} = -m_y$$

$$\frac{\partial g}{\partial x} = m_x[(X-X_s)(2a_2 + 6a_3 T) - v_X^2] + m_x[(Y-Y_s)(2b_2 + 6b_3 T) - v_Y^2] +$$

$$m_x[(Z-Z_s)(2c_2 + 6c_3 T) - v_Z^2] \frac{\partial g}{\partial y} = 0$$

构建误差方程式式(6.7)所示:

$$\left.\begin{array}{l} v_f = \frac{\partial f}{\partial x}dx + \frac{\partial f}{\partial y}dy + f_0 \\ v_g = \frac{\partial g}{\partial x}dx + \frac{\partial g}{\partial y}dy + g_0 \end{array}\right\} \tag{6.7}$$

矩阵表达形式:

$$V = AX - L \tag{6.8}$$

其中:

$$V = \begin{bmatrix} v_f \\ v_g \end{bmatrix}, \quad A = \begin{bmatrix} \frac{\partial f}{\partial x} & \frac{\partial f}{\partial y} \\ \frac{\partial g}{\partial x} & \frac{\partial g}{\partial y} \end{bmatrix}, \quad L = \begin{bmatrix} -f_0 \\ -g_0 \end{bmatrix}$$

依据最小二乘原理对式(6.8)进行迭代求解,当参数改正数小于限值时解算完毕实现地面点坐标到像点坐标的映射。

### 6.1.5　基于投影差改正的正射影像提取

为了方便讨论问题,在基于投影差改正模型中仅仅考虑了 $x$ 方向的投影差改正问题,值得说明的是,当 SAR 传感器不是南北方向飞行情况下,需要首先进行控制点的坐标旋转,将飞行方向看作是南北方向而后进行处理问题,处理后再进行逆变换。多项式模型如式(6.9)所示:

$$\left.\begin{aligned} f &= a_0 + a_1 X + a_2 Y + a_3 X^2 + a_4 XY + a_5 Y^2 + Hh/R/s - x - h^2/R/s \\ g &= b_0 + b_1 X + b_2 Y + b_3 X^2 + b_4 XY + b_5 Y^2 - y \end{aligned}\right\} \quad (6.9)$$

对于正射影像提取过程仍然是先进行定向参数解算,该部分内容详见第 5 章所述,定向参数解算后进行逐点纠正。从式(6.9)不难看出,在已知地面坐标 $(X,Y,h)$ 的情况下像点坐标 $(x,y)$ 可以进行直接求解,即可得式(6.10):

$$\left.\begin{aligned} x &= a_0 + a_1 X + a_2 Y + a_3 X^2 + a_4 XY + a_5 Y^2 + Hh/R/s - h^2/R/s \\ y &= b_0 + b_1 X + b_2 Y + b_3 X^2 + b_4 XY + b_5 Y^2 \end{aligned}\right\} \quad (6.10)$$

分析式(6.10),正射影像提取重采样时,可以先根据多项式参数求得未受高差影响的像点坐标,然后加入投影差,从而获得真实的像点坐标。基于投影差改正的多项式正射影像提取方法是一种基于多项式拟合与投影差改正的 SAR 影像正射纠正的方法。与其他方法相比,该方法不但比较严密,而且简单实用、易于实现,笔者将该方法应用于无人机载 SAR 正射影像提取过程之中,取得了良好的效果。

### 6.1.6　基于 DLT 的正射影像提取

6.1.4 和 6.1.5 论述的两种纠正方法比较严密,在实际应用中有时在精度要求不高的前提下,也可以采用直接线性变换模型进行近似几何纠正。直接线性变换模型不需要考虑传感器成像的不同特点,直接采用简单的数学函数建立地面点和像点之间的几何关系,计算简单快速。

由共线方程的一般形式:

$$\left.\begin{aligned} u - x_0 &= f\frac{a_1(X-X_S)+b_1(Y-Y_S)+c_1(Z-Z_S)}{a_3(X-X_S)+b_3(Y-Y_S)+c_3(Z-Z_S)} \\ v - y_0 &= f\frac{a_2(X-X_S)+b_2(Y-Y_S)+c_2(Z-Z_S)}{a_3(X-X_S)+b_3(Y-Y_S)+c_3(Z-Z_S)} \end{aligned}\right\} \quad (6.11)$$

可推导出直接线性变换的表达式:

$$\left. \begin{array}{l} u + \dfrac{XL_1 + YL_2 + ZL_3 + L_4}{XL_9 + YL_{10} + ZL_{11} + 1} = 0 \\[3mm] v + \dfrac{XL_5 + YL_6 + ZL_7 + L_8}{XL_9 + YL_{10} + ZL_{11} + 1} = 0 \end{array} \right\} \tag{6.12}$$

式中　　$(u,v)$——像点的像平面坐标;

　　$(X,Y,Z)$——其对应地面点的大地坐标;

　　$(L_1 \sim L_{11})$——直接线性变换参数。

求解直接线性变换参数时,一般采用公式(6.12)的展开形式:

$$\left. \begin{array}{l} v_x = \dfrac{X}{A}L_1 + \dfrac{Y}{A}L_2 + \dfrac{Z}{A}L_3 + \dfrac{1}{A}L_4 - \dfrac{uX}{A}L_9 - \dfrac{uY}{A}L_{10} - \dfrac{uZ}{A}L_{11} - \dfrac{u}{A} \\[3mm] v_y = \dfrac{X}{A}L_5 + \dfrac{Y}{A}L_6 + \dfrac{Z}{A}L_7 + \dfrac{1}{A}L_8 - \dfrac{uX}{A}L_9 - \dfrac{uY}{A}L_{10} - \dfrac{uZ}{A}L_{11} - \dfrac{u}{A} \\[3mm] A = L_9 X + L_{10} Y + L_{11} Z + 1 \end{array} \right\} \tag{6.13}$$

式(6.13)为非线性形式,要利用最小二乘法迭代求解,式(6.13)又称为直接线性变换的正解形式,它描述了地面到影像点的变换关系。

反之描述相应像点到地面点的变换关系的公式则成为直接线性变换的反解形式,即

$$\left. \begin{array}{l} X + \dfrac{uL_1 + vL_2 + ZL_3 + L_4}{uL_9 + vL_{10} + ZL_{11} + 1} = 0 \\[3mm] Y + \dfrac{uL_5 + vL_6 + ZL_7 + L_8}{uL_9 + vL_{10} + ZL_{11} + 1} = 0 \end{array} \right\} \tag{6.14}$$

采用直接线性变换的反解形式求解变换参数时,也需要先将式(6.14)进行展开,然后再进行最小二乘迭代求解,展开形式如下:

$$\left. \begin{array}{l} v_x = \dfrac{u}{A}L_1 + \dfrac{v}{A}L_2 + \dfrac{Z}{A}L_3 + \dfrac{1}{A}L_4 - \dfrac{X_u}{A}L_9 - \dfrac{Y_v}{A}L_{10} - \dfrac{XZ}{A}L_{11} - \dfrac{X}{A} \\[3mm] v_Y = \dfrac{u}{A}L_5 + \dfrac{v}{A}L_6 + \dfrac{Z}{A}L_7 + \dfrac{1}{A}L_8 - \dfrac{Y_u}{A}L_9 - \dfrac{Y_v}{A}L_{10} - \dfrac{YZ}{A}L_{11} - \dfrac{Y}{A} \\[3mm] A = L_9 X + L_{10} Y + L_{11} Z + 1 \end{array} \right\} \tag{6.15}$$

求解得到 11 个未知参数,式(6.15)完全确定以后,可采用间接法对原始图像进行几何纠正和灰度重采样。由于不需要对像点坐标进行迭代,近似几何校正的流程与严格几何校正相比要简单得多,而且运算量也少得多。

直接线性变换建立像平面坐标与物空间坐标的关系式,形式简单,解算简便,不需要传感器参数,但是由于它没有考虑 SAR 成像特点,因而纠正精度较低。

# 6.2 单片定位

## 6.2.1 定位环节

当利用无人机载 SAR 图像很难构建立体像对或很难生成立体像对而又需要进行定位时,就需要采用单片定位进行信息提取。借鉴无人机侦察图像处理对定位的定义,可以认为单片定位就是依据单幅 SAR 图像进行目标定位解算,实现指定目标的像点坐标到地面坐标的映射。单片定位在平坦地区、地面起伏较小的地区或者已知 DEM 的前提下,能够满足无人机信息提取需要。

单片定位主要分为数据准备、定向解算、地面坐标解算三个环节。

(1)数据准备。数据准备包括控制点数据、DEM 数据、SAR 成像参数。在地面平坦地区,也可以没有 DEM 数据,控制点最少个数视定位数学模型而定,一般情况下,F. Leberl 模型选择 6 个控制点即可,控制点的分布原则同立体定位和正射纠正原则一致。

(2)定向解算。定向解算完成定位模型参数的解算,同 6.1.3 节所述方法。

(3)地面坐标解算。从图像上选取需要定位的目标,读取图像坐标,代入定位模型,解算地面坐标。若采用定位模型为非线性关系还需要进行迭代求解。

## 6.2.2 基于投影差改正的多项式模型的单片定位

本节主要探讨基于投影差改正的多项式模型在单片定位解算过程中的可行性,并提出了解算实现环节。

基于投影差的多项式模型如式(6.16)所示。

$$\left. \begin{array}{l} F = a_0 + a_1 X + a_2 Y + a_3 X^2 + a_4 XY + a_5 Y^2 + (Hh - h^2)/R/s - x \\ G = b_0 + b_1 X + b_2 Y + b_3 X^2 + b_4 XY + b_5 Y^2 - y \end{array} \right\} \quad (6.16)$$

线性化得

$$\frac{\partial F}{\partial X} = a_1 + 2a_3 X + a_4 Y$$

$$\frac{\partial F}{\partial Y} = a_2 + 2a_5 Y + a_4 X$$

$$\frac{\partial G}{\partial X} = b_1 + 2b_3 X + b_4 Y$$

$$\frac{\partial G}{\partial Y} = b_2 + 2b_5 Y + b_4 X$$

构建方程式：

$$\boldsymbol{V} = \boldsymbol{B}\boldsymbol{X} - \boldsymbol{L} \tag{6.17}$$

式中

$$\boldsymbol{V} = \begin{bmatrix} V_F & V_G \end{bmatrix}^\mathrm{T}$$

$$\boldsymbol{B} = \begin{bmatrix} \dfrac{\partial F}{\partial X} & \dfrac{\partial F}{\partial Y} \\[2mm] \dfrac{\partial G}{\partial X} & \dfrac{\partial G}{\partial Y} \end{bmatrix}$$

$$\boldsymbol{X} = \begin{bmatrix} \mathrm{d}X & \mathrm{d}Y \end{bmatrix}^\mathrm{T}$$

$$\boldsymbol{L} = \begin{bmatrix} -F^0 & -G^0 \end{bmatrix}^\mathrm{T}$$

解算过程为：

（1）解算地面坐标改正数。由于一个像点坐标可以组成两个方程，解算地面坐标 $(X, Y)$，方程个数等于未知数个数，直接求解 $X = B^{-1} L$，解算后得到改正数 $\mathrm{d}X, \mathrm{d}Y$；

（2）获取 $Z$ 坐标，以 $(X + \mathrm{d}X, Y + \mathrm{d}Y)$ 作为新的地面坐标 $(X, Y)$，在 DEM 数据中查找 $Z$ 坐标；

（3）当 $\mathrm{d}X$ 和 $\mathrm{d}Y$ 的绝对值小于限值时，迭代解算完毕，获得地面坐标 $(X, Y)$；否则将新的高程值代入式（6.16）进行循环迭代。

## 6.2.3　基于 F. Leberl 模型的单片定位

对于 F. Leberl 模型两个方程式进行线性化有：

设 $M = (X - (a_0 + a_1 T + a_2 T^2 + a_3 T^3))^2 + (Y - (b_0 + b_1 T + b_2 T^2 + b_3 T^3))^2 + (Z - (c_0 + c_1 T + c_2 T^2 + c_3 T^3))^2$

$$\frac{\partial f}{\partial X} = -(X - (a_0 + a_1 T + a_2 T^2 + a_3 T^3)) / \sqrt{M}$$

$$\frac{\partial f}{\partial Y} = -(Y - (b_0 + b_1 T + b_2 T^2 + b_3 T^3)) / \sqrt{M}$$

$$\frac{\partial g}{\partial X} = a_1 + 2a_2 T + 3a_3 T^2$$

$$\frac{\partial g}{\partial Y} = b_1 + 2b_2 T + 3b_3 T^2$$

构建方程式：

$$V = BX - L \tag{6.18}$$

式中

$$V = [V_f \quad V_g]^{\mathrm{T}}$$

$$B = \begin{bmatrix} \dfrac{\partial f}{\partial X} & \dfrac{\partial f}{\partial Y} \\[2mm] \dfrac{\partial g}{\partial X} & \dfrac{\partial g}{\partial Y} \end{bmatrix}$$

$$X = [\mathrm{d}X \quad \mathrm{d}Y]^{\mathrm{T}}$$

$$L = [-f^0 \quad -g^0]^{\mathrm{T}}$$

解算过程与基于投影差改正的多项式模型的单片定位解算过程相同。

# 6.3 试验与分析

**1.试验内容**

(1)SAR 图像正射纠正试验；

(2)SAR 图像单片定位试验。

**2.试验数据**

试验 SAR 图像方位向像元大小为 2.711 44,距离向像元大小为 0.909 4,图像如图 6.3 所示,正射纠正和单片定位所用的 DEM 数据分辨率为 25 m。

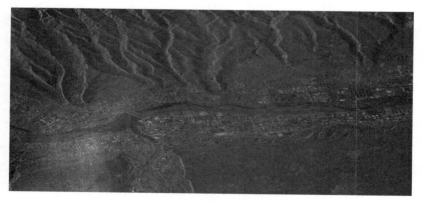

**图 6.3 SAR 原始图像**

## 6.3.1　正射纠正试验

采用 F. Leberl 模型纠正各检查点的纠正误差如表 6.1 所示,采用一般二次多项式纠正各检查点的纠正误差如表 6.2 所示,采用一般三次多项式纠正各检查点的纠正误差如表 6.3 所示,采用基于投影差改正的二次多项式纠正误差如表 6.4 所示,采用基于投影差改正的三次多项式纠正误差如表 6.5 所示。

表 6.1　F. Leberl 模型纠正各检查点的纠正误差　　　单位:m

| 纠正误差<br>点编号 | Y 坐标 | X 坐标 | 高程 | 检查点<br>图像 $x$ | 检查点<br>图像 $y$ | $\Delta x$ | $\Delta y$ |
|---|---|---|---|---|---|---|---|
| 3 | 3 904 083.92 | 16 699 985.08 | 588.59 | 4 224 | 2 166 | −6.5 | −3.5 |
| 10 | 3 906 766.48 | 16 702 075.11 | 574.41 | 6 336 | 3 000 | 4.9 | −0.5 |
| 13 | 3 906 830.83 | 16 696 278.04 | 599.27 | 1 582 | 3 402 | 0.5 | 0 |
| 14 | 3 907 103.58 | 16 696 374.12 | 602.32 | 1 687 | 3 496 | 12.5 | −1.1 |
| 22 | 3 904 595.85 | 16 698 018.74 | 582.65 | 2 692 | 2 474 | −5.5 | 2.4 |
| 25 | 3 905 913.04 | 16 700 225.29 | 583.80 | 4 697 | 2 814 | −8 | −3.8 |
| 26 | 3 905 838.04 | 16 699 549.8 | 586.33 | 4 122 | 2 826 | 0.3 | 1.2 |
| 31 | 3 905 207.10 | 16 696 532.07 | 587.78 | 1 559 | 2 797 | −2 | −1.7 |
| 38 | 3 905 902.10 | 16 704 174.4 | 566.12 | 7 942 | 2 551 | 1.4 | −3.1 |
| 44 | 3 910 258.02 | 16 703 176.11 | 820.59 | 7 593 | 4 200 | 0.5 | 0.2 |
| 45 | 3 909 964.33 | 16 700 654.94 | 827.95 | 5 474 | 4 254 | −0.9 | 3.2 |
| 53 | 3 901 385.32 | 16 704 411.00 | 664.75 | 7 401 | 903 | 0.4 | −4.2 |
| 54 | 3 902 825.20 | 16 704 218.77 | 593.06 | 7 514 | 1 436 | −8.5 | −4.7 |
| 58 | 3 903 833.16 | 16 698 961.78 | 593.33 | 3 339 | 2 142 | −0.6 | −3.5 |
| 59 | 3 904 282.10 | 16 697 028.07 | 600.42 | 1 827 | 2 425 | −10.4 | 2.4 |
| 60 | 3 909 557.84 | 16 695 269.09 | 803.27 | 1 013 | 4 461 | 6.2 | −2.6 |
| 72 | 3 907 216.75 | 16 702 546.39 | 580.95 | 6 787 | 3 141 | 3.6 | −8.5 |
| 78 | 3 902 632.43 | 16 704 196.62 | 592.47 | 7 464 | 1 368 | −4.6 | −4.8 |
| 79 | 3 902 534.51 | 16 702 228.68 | 607.68 | 5 825 | 1 459 | −8.3 | −3.1 |
| 89 | 3 901 203.27 | 16 697 356.98 | 673.57 | 1 582 | 1 301 | −1.2 | −9 |

表 6.2　一般二次多项式纠正各检查点的纠正误差表　　　　　单位:m

| 点编号 纠正误差 | Y 坐标 | X 坐标 | 高程 | 检查点图像 $x$ | 检查点图像 $y$ | $\Delta x$ | $\Delta y$ |
|---|---|---|---|---|---|---|---|
| 3 | 3 904 083.92 | 16 699 985.08 | 588.59 | 4 224 | 2 166 | −3.6 | −2.9 |
| 10 | 3 906 766.48 | 16 702 075.11 | 574.41 | 6 336 | 3 000 | −4.5 | 0.9 |
| 13 | 3 906 830.83 | 16 696 278.04 | 599.27 | 1 582 | 3 402 | −27 | −0.7 |
| 14 | 3 907 103.58 | 16 696 374.12 | 602.32 | 1 687 | 3 496 | −19.9 | −1.9 |
| 22 | 3 904 595.85 | 16 698 018.74 | 582.65 | 2 692 | 2 474 | −13.5 | 2.6 |
| 25 | 3 905 913.04 | 16 700 225.29 | 583.80 | 4 697 | 2 814 | −11.3 | −2.8 |
| 26 | 3 905 838.04 | 16 699 549.80 | 586.33 | 4 122 | 2 826 | −4.8 | 1.9 |
| 31 | 3 905 207.10 | 16 696 532.07 | 587.78 | 1 559 | 2 797 | −11.5 | −1.9 |
| 38 | 3 905 902.10 | 16 704 174.40 | 566.12 | 7 942 | 2 551 | 24.3 | −0.7 |
| 44 | 3 910 258.02 | 16 703 176.11 | 820.59 | 7 593 | 4 200 | 31.8 | −0.7 |
| 45 | 3 909 964.33 | 16 700 654.94 | 827.95 | 5 474 | 4 254 | 25.9 | 2.5 |
| 53 | 3 901 385.32 | 16 704 411.00 | 664.75 | 7 401 | 903 | 27.2 | −5.3 |
| 54 | 3 902 825.20 | 16 704 218.77 | 593.06 | 7 514 | 1 436 | 13.2 | −4.5 |
| 58 | 3 903 833.16 | 16 698 961.78 | 593.33 | 3 339 | 2 142 | −2 | −3.3 |
| 59 | 3 904 282.10 | 16 697 028.07 | 600.42 | 1 827 | 2 425 | −9.2 | 2.2 |
| 60 | 3 909 557.84 | 16 695 269.09 | 803.27 | 1 013 | 4 461 | 10.7 | −2.2 |
| 72 | 3 907 216.75 | 16 702 546.39 | 580.95 | 6 787 | 3 141 | −7.4 | −7.2 |
| 78 | 3 902 632.43 | 16 704 196.62 | 592.47 | 7 464 | 1 368 | 11.3 | −4.9 |
| 79 | 3 902 534.51 | 16 702 228.68 | 607.68 | 5 825 | 1 459 | −3.5 | −3.3 |
| 89 | 3 901 203.27 | 16 697 356.98 | 673.57 | 1 582 | 1 301 | −17.3 | −10.7 |

表 6.3　一般三次多项式纠正各检查点的纠正误差表　　　　　单位：m

| 纠正误差<br>点编号 | Y 坐标 | X 坐标 | 高程 | 检查点<br>图像 x | 检查点<br>图像 y | $\Delta x$ | $\Delta y$ |
|---|---|---|---|---|---|---|---|
| 3 | 3 904 083.92 | 16 699 985.08 | 588.59 | 4 224 | 2 166 | 13.4 | −3.4 |
| 10 | 3 906 766.48 | 16 702 075.11 | 574.41 | 6 336 | 3 000 | −8.6 | −0.4 |
| 13 | 3 906 830.83 | 16 696 278.04 | 599.27 | 1 582 | 3 402 | −38.5 | −1.3 |
| 14 | 3 907 103.58 | 16 696 374.12 | 602.32 | 1 687 | 3 496 | −32.1 | −2.6 |
| 22 | 3 904 595.85 | 16 698 018.74 | 582.65 | 2 692 | 2 474 | 4.1 | 1.9 |
| 25 | 3 905 913.04 | 16 700 225.29 | 583.80 | 4 697 | 2 814 | −5.4 | −4.1 |
| 26 | 3 905 838.04 | 16 699 549.80 | 586.33 | 4 122 | 2 826 | 2.9 | 0.6 |
| 31 | 3 905 207.10 | 16 696 532.07 | 587.78 | 1 559 | 2 797 | −4.5 | −2.2 |
| 38 | 3 905 902.10 | 16 704 174.40 | 566.12 | 7 942 | 2 551 | 24.9 | −1.7 |
| 44 | 3 910 258.02 | 16 703 176.11 | 820.59 | 7 593 | 4 200 | 20.9 | −0.7 |
| 45 | 3 909 964.33 | 16 700 654.94 | 827.95 | 5 474 | 4 254 | 37.7 | 1.2 |
| 53 | 3 901 385.32 | 16 704 411.00 | 664.75 | 7 401 | 903 | 33.9 | −4.3 |
| 54 | 3 902 825.20 | 16 704 218.77 | 593.06 | 7 514 | 1 436 | 31 | −4.2 |
| 58 | 3 903 833.16 | 16 698 961.78 | 593.33 | 3 339 | 2 142 | 19.5 | −3.8 |
| 59 | 3 904 282.10 | 16 697 028.07 | 600.42 | 1 827 | 2 425 | 10.4 | 2 |
| 60 | 3 909 557.84 | 16 695 269.09 | 803.27 | 1 013 | 4 461 | −13.8 | −2 |
| 72 | 3 907 216.75 | 16 702 546.39 | 580.95 | 6 787 | 3 141 | −15.7 | −8.5 |
| 78 | 3 902 632.43 | 16 704 196.62 | 592.47 | 7 464 | 1 368 | 28.4 | −4.5 |
| 79 | 3 902 534.51 | 16 702 228.68 | 607.68 | 5 825 | 1 459 | 7.6 | −2.8 |
| 89 | 3 901 203.27 | 16 697 356.98 | 673.57 | 1 582 | 1 301 | 17.6 | −10.5 |

表 6.4　基于投影差改正的二次多项式纠正各检查点的纠正误差表　　　单位:m

| 纠正误差<br>点编号 | Y 坐标 | X 坐标 | 高程 | 检查点<br>图像 $x$ | 检查点<br>图像 $y$ | $\Delta x$ | $\Delta y$ |
|---|---|---|---|---|---|---|---|
| 3 | 3 904 083.92 | 16 699 985.08 | 588.59 | 4 224 | 2 166 | −0.4 | −2.9 |
| 10 | 3 906 766.48 | 16 702 075.11 | 574.41 | 6 336 | 3 000 | 11.8 | 0.9 |
| 13 | 3 906 830.83 | 16 696 278.04 | 599.27 | 1 582 | 3 402 | 4.7 | −0.7 |
| 14 | 3 907 103.58 | 16 696 374.12 | 602.32 | 1 687 | 3 496 | 16.4 | −1.9 |
| 22 | 3 904 595.85 | 16 698 018.74 | 582.65 | 2 692 | 2 474 | 0.6 | 2.6 |
| 25 | 3 905 913.04 | 16 700 225.29 | 583.80 | 4 697 | 2 814 | −2 | −2.8 |
| 26 | 3 905 838.04 | 16 699 549.80 | 586.33 | 4 122 | 2 826 | 6 | 1.9 |
| 31 | 3 905 207.10 | 16 696 532.07 | 587.78 | 1 559 | 2 797 | 3.7 | −1.9 |
| 38 | 3 905 902.10 | 16 704 174.40 | 566.12 | 7 942 | 2 551 | 9.7 | −0.7 |
| 44 | 3 910 258.02 | 16 703 176.11 | 820.59 | 7 593 | 4 200 | −0.8 | −0.7 |
| 45 | 3 909 964.33 | 16 700 654.94 | 827.95 | 5 474 | 4 254 | −4.4 | 2.5 |
| 53 | 3 901 385.32 | 16 704 411.00 | 664.75 | 7 401 | 903 | 2.9 | −5.3 |
| 54 | 3 902 825.20 | 16 704 218.77 | 593.06 | 7 514 | 1 436 | −2.3 | −4.5 |
| 58 | 3 903 833.16 | 16 698 961.78 | 593.33 | 3 339 | 2 142 | 5.3 | −3.3 |
| 59 | 3 904 282.10 | 16 697 028.07 | 600.42 | 1 827 | 2 425 | −4.7 | 2.2 |
| 60 | 3 909 557.84 | 16 695 269.09 | 803.27 | 1 013 | 4 461 | 1 | −2.2 |
| 72 | 3 907 216.75 | 16 702 546.39 | 580.95 | 6 787 | 3 141 | 10.4 | −7.2 |
| 78 | 3 902 632.43 | 16 704 196.62 | 592.47 | 7 464 | 1 368 | 1.4 | −4.9 |
| 79 | 3 902 534.51 | 16 702 228.68 | 607.68 | 5 825 | 1 459 | −3.1 | −3.3 |
| 89 | 3 901 203.27 | 16 697 356.98 | 673.57 | 1 582 | 1 301 | 2 | −10.7 |

表 6.5　基于投影差改正的三次多项式纠正各检查点的纠正误差表　　　　单位:m

| 纠正误差 点编号 | Y 坐标 | X 坐标 | 高程 | 检查点 图像 $x$ | 检查点 图像 $y$ | $\Delta x$ | $\Delta y$ |
|---|---|---|---|---|---|---|---|
| 3 | 3 904 083.92 | 16 699 985.08 | 588.59 | 4 224 | 2 166 | −0.8 | −3.4 |
| 10 | 3 906 766.48 | 16 702 075.11 | 574.41 | 6 336 | 3 000 | 13.5 | −0.4 |
| 13 | 3 906 830.83 | 16 696 278.04 | 599.27 | 1 582 | 3 402 | 2.1 | −1.3 |
| 14 | 3 907 103.58 | 16 696 374.12 | 602.32 | 1 687 | 3 496 | 13.9 | −2.6 |
| 22 | 3 904 595.85 | 16 698 018.74 | 582.65 | 2 692 | 2 474 | −1.5 | 1.9 |
| 25 | 3 905 913.04 | 16 700 225.29 | 583.80 | 4 697 | 2 814 | −2.4 | −4.1 |
| 26 | 3 905 838.04 | 16 699 549.80 | 586.33 | 4 122 | 2 826 | 4.8 | 0.6 |
| 31 | 3 905 207.10 | 16 696 532.07 | 587.78 | 1 559 | 2 797 | 1.4 | −2.2 |
| 38 | 3 905 902.10 | 16 704 174.40 | 566.12 | 7 942 | 2 551 | 14 | −1.7 |
| 44 | 3 910 258.02 | 16 703 176.11 | 820.59 | 7 593 | 4 200 | −0.6 | −0.7 |
| 45 | 3 909 964.33 | 16 700 654.94 | 827.95 | 5 474 | 4 254 | −4.3 | 1.2 |
| 53 | 3 901 385.32 | 16 704 411.00 | 664.75 | 7 401 | 903 | 6.6 | −4.3 |
| 54 | 3 902 825.20 | 16 704 218.77 | 593.06 | 7 514 | 1 436 | 2.7 | −4.2 |
| 58 | 3 903 833.16 | 16 698 961.78 | 593.33 | 3 339 | 2 142 | 3.9 | −3.8 |
| 59 | 3 904 282.10 | 16 697 028.07 | 600.42 | 1 827 | 2 425 | −6.7 | 2 |
| 60 | 3 909 557.84 | 16 695 269.09 | 803.27 | 1 013 | 4 461 | 1.6 | −2 |
| 72 | 3 907 216.75 | 16 702 546.39 | 580.95 | 6 787 | 3 141 | 12.3 | −8.5 |
| 78 | 3 902 632.43 | 16 704 196.62 | 592.47 | 7 464 | 1 368 | 6.3 | −4.5 |
| 79 | 3 902 534.51 | 16 702 228.68 | 607.68 | 5 825 | 1 459 | −0.9 | −2.8 |
| 89 | 3 901 203.27 | 16 697 356.98 | 673.57 | 1 582 | 1 301 | 1.6 | −10.5 |

各种方法的纠正精度中误差如表 6.6 所示。

表 6.6 各种纠正方法精度对比　　　　　　　　　　　单位:像素

| 中误差 | F. Leberl 模型 | 一般多项式模型 | | 基于投影差改正的多项式 | |
|---|---|---|---|---|---|
| | | 二次 | 三次 | 二次 | 三次 |
| $x$ | 5.52 | 16.59 | 20.78 | 5.57 | 5.95 |
| $y$ | 3.23 | 3.31 | 3.06 | 3.31 | 3.06 |

用于检验纠正精度的检查点误差如表 6.7 所示。

表 6.7 检查点坐标误差表　　　　　　　　　单位:m

| 点编号 | X 坐标 | Y 坐标 | 点编号 | X 坐标 | Y 坐标 |
|---|---|---|---|---|---|
| 3 | −2.495 | 0.489 | 45 | 19.501 | −2.349 |
| 10 | −13.223 | −3.03 | 53 | 1.533 | 2.238 |
| 13 | 2.465 | −0.458 | 54 | −13.561 | 1.152 |
| 14 | 11.387 | 0.808 | 58 | 4.354 | 0.976 |
| 22 | −1.019 | −4.738 | 59 | 3.215 | −4.338 |
| 25 | −8.986 | 0.747 | 60 | 46.414 | 2.929 |
| 26 | 1.81 | −3.862 | 72 | −19.862 | 5.067 |
| 31 | 7.428 | 0.056 | 78 | −13.203 | 1.57 |
| 38 | −9.436 | −2.42 | 79 | −13.13 | 0.528 |
| 44 | −1.007 | 0.164 | 89 | −6.871 | 8.447 |
| 3 | −2.495 | 0.489 | 45 | 19.501 | −2.349 |
| 10 | −13.223 | −3.03 | 53 | 1.533 | 2.238 |
| 13 | 2.465 | −0.458 | 54 | −13.561 | 1.152 |
| 14 | 11.387 | 0.808 | 58 | 4.354 | 0.976 |
| 22 | −1.019 | −4.738 | 59 | 3.215 | −4.338 |
| 25 | −8.986 | 0.747 | 60 | 46.414 | 2.929 |
| 26 | 1.81 | −3.862 | 72 | −19.862 | 5.067 |
| 31 | 7.428 | 0.056 | 78 | −13.203 | 1.57 |
| 38 | −9.436 | −2.42 | 79 | −13.13 | 0.528 |
| 44 | −1.007 | 0.164 | 89 | −6.871 | 8.447 |

用于纠正的控制点坐标信息如表 6.8 所示。

表 6.8　定向解算控制点坐标表　　　　　　　　单位：m

| 控制点坐标<br>点编号 | X 坐标 | Y 坐标 | 高程 | ΔX | ΔY |
|---|---|---|---|---|---|
| 15 | 3 906 344.92 | 16 702 057.57 | 580.05 | 5.447 | −1.871 |
| 20 | 3 905 270.76 | 16 697 861.13 | 579.09 | −3.134 | −0.775 |
| 33 | 3 904 636.68 | 16 695 123.75 | 611.74 | −0.74 | 1.444 |
| 46 | 3 910 670.58 | 16 699 646.82 | 838.75 | −3.772 | −0.371 |
| 47 | 3 911 272.18 | 16 702 682.82 | 837.72 | 4.836 | 0.02 |
| 49 | 3 910 239.31 | 16 704 688.44 | 801.30 | −4.403 | 0.976 |
| 61 | 3 909 321.58 | 16 695 234.78 | 802.55 | 1.806 | −0.015 |
| 80 | 3 902 197.03 | 16 702 269.39 | 617.51 | −0.321 | 1.194 |
| 81 | 3 799 401.62 | 16 704 676.84 | 831.75 | −2.474 | 1.968 |
| 87 | 3 799 758.53 | 16 699 166.54 | 792.25 | 0.367 | −0.222 |
| 92 | 3 798 603.85 | 16 696 565.18 | 877.80 | 1.028 | −0.917 |
| 93 | 3 799 741.01 | 16 707 585.87 | 643.00 | 1.259 | −1.43 |

从试验数据分析可知：

（1）F. Leberl 模型具有较高的纠正精度，$x$ 方向纠正中误差达到 5.52 像素，$y$ 方向纠正中误差达到 3.23 像素，模型解算所需控制点较少，比较适合无人机载 SAR 图像正射纠正处理。

（2）一般多项式模型纠正方法简单，不考虑图像的成像特点，无须迭代解算，但纠正精度较差，采用二次多项式纠正时，$x$ 方向中误差为 16.59 像素，故在精度要求不高的情况下可以采用一般多项式进行正射纠正。

（3）基于投影差改正的多项式方法纠正精度较高，该方法在多项式纠正基础上考虑了由于高程引起的投影差，方法不仅理论严密，而且使用简便。特别在控制点精度不高的情况下，该方法能够实现较好的纠正，克服了非线性模型算法在此情况下不回归所造成的无法纠正图像的缺点。

（4）从纠正精度中误差数据来看，试验的精度略低，分析原因主要是由于检查点的地面坐标精度不高造成的，检查点 X 坐标中误差为 18.79 m，Y 坐标中误差为 3.11 m，在实际的无人机信息处理中，控制点的采集往往在地图上进行选取，这就造成了控制点精度不高的情况。即便如此，本节所提出的算法纠正精度也满足了无人机侦察图像信息处理的需要。

（5）无论采用一般多项式还是基于投影差改正的多项式算法，二次多项式精度都略高于三次，分析原因主要在于试验用图像地形相对比较平坦。在平坦地区二次多项式纠正具有较好的稳定性；而在起伏较大地区，三次多项式纠正精度要好于二次多项式。

## 6.3.2  单片定位试验

试验采用 12 个控制点作为解算控制点，分别采用 F. Leberl 模型和基于投影差改正的多项式模型进行单片定位，30 个检查点的定位误差如表 6.9 和表 6.10 所示，单片定位精度分析如表 6.11 所示。

**表 6.9  基于 F. Leberl 模型单片定位检查点定位误差**　　　　单位：m

| 点号 / 定位误差 | $X$ 坐标 | $Y$ 坐标 | 高程 | 图像 $x$ | 图像 $y$ | $\Delta X$ | $\Delta Y$ |
|---|---|---|---|---|---|---|---|
| 1 | 16 698 704.01 | 3 907 031.62 | 601.85 | 3 606 | 3 316 | 3.12 | 2.62 |
| 3 | 16 699 985.08 | 3 904 083.93 | 588.59 | 4 225 | 3 166 | 4.68 | −9.27 |
| 10 | 16 702 075.11 | 3 906 766.49 | 574.41 | 6 337 | 3 000 | 7.39 | −1.48 |
| 21 | 16 696 596.36 | 3 906 768.66 | 600.62 | 1 843 | 3 354 | 0.12 | 14.40 |
| 22 | 16 698 018.74 | 3 904 595.86 | 582.65 | 2 693 | 2 474 | −5.49 | 5.35 |
| 25 | 16 700 225.29 | 3 905 913.04 | 583.81 | 4 698 | 2 814 | 0.91 | −10.93 |
| 26 | 16 699 549.8 | 3 905 838.05 | 586.34 | 4 123 | 2 826 | 10.07 | 4.55 |
| 29 | 16 700 061.12 | 3 906 360.98 | 585.12 | 4 636 | 2 984 | −9.33 | −2.82 |
| 31 | 16 696 532.07 | 3 905 207.11 | 587.79 | 1 560 | 2 797 | 5.35 | −3.07 |
| 38 | 16 704 174.40 | 3 905 902.11 | 566.13 | 7 943 | 2 551 | 8.91 | −8.34 |
| 41 | 16 699 634.96 | 3 909 646.67 | 827.94 | 4 585 | 4 208 | 0.76 | 1.16 |
| 42 | 16 701 663.13 | 3 909 613.47 | 840.00 | 6 243 | 4 064 | −2.36 | 0.13 |
| 43 | 16 701 100.73 | 3 908 763.04 | 780.42 | 5 697 | 3 792 | −7.09 | −4.64 |
| 44 | 16 703 176.11 | 3 910 258.02 | 820.59 | 7 594 | 4 200 | −2.90 | 0.93 |

续　表

| 点号　定位误差 | X 坐标 | Y 坐标 | 高程 | 图像 $x$ | 图像 $y$ | $\Delta X$ | $\Delta Y$ |
|---|---|---|---|---|---|---|---|
| 48 | 16 704 706.52 | 3 911 246.55 | 805.81 | 9 003 | 4 459 | 4.47 | 6.95 |
| 50 | 16 704 906.64 | 3 908 892.79 | 780.32 | 8 844 | 3 592 | −6.41 | −11.08 |
| 51 | 16 702 651.94 | 3 908 937.12 | 812.04 | 6 969 | 3 756 | 3.56 | −8.58 |
| 52 | 16 703 519.67 | 3 907 680.39 | 756.15 | 7 549 | 3 241 | −5.40 | −12.03 |
| 54 | 16 704 218.77 | 3 902 825.20 | 593.06 | 7 515 | 1 436 | −3.47 | −10.25 |
| 58 | 16 698 961.78 | 3 903 833.17 | 593.34 | 3 340 | 2 142 | −2.08 | −10.57 |
| 59 | 16 697 028.07 | 3 904 282.11 | 600.42 | 1 828 | 2 425 | −7.80 | 4.94 |
| 60 | 16 695 269.09 | 3 909 557.85 | 803.28 | 1 014 | 4 461 | 0.95 | −7.80 |
| 64 | 16 694 720.96 | 3 906 418.20 | 594.84 | 260 | 3 353 | −2.34 | 4.03 |
| 65 | 16 697 943.5 | 3 910 151.69 | 607.99 | 3 428 | 4 499 | 1.87 | 4.39 |
| 66 | 16 701 176.99 | 3 910 971.23 | 861.86 | 6 036 | 4 587 | −6.91 | 4.64 |
| 67 | 16 700 436.59 | 3 908 219.74 | 771.56 | 5 070 | 3 638 | −4.66 | −5.99 |
| 69 | 16 695 485.06 | 3 907 737.55 | 605.77 | 1 068 | 3 784 | −2.11 | 1.06 |
| 70 | 16 696 707.49 | 3 907 525.68 | 605.84 | 2 040 | 3 629 | −5.88 | −5.11 |
| 73 | 16 699 683.73 | 3 907 265.05 | 594.46 | 4 452 | 3 337 | −6.33 | 0.21 |
| 74 | 16 701 543.22 | 3 907 137.93 | 590.49 | 5 962 | 3 172 | −7.28 | −9.23 |
| 78 | 16 704 196.62 | 3 902 632.44 | 592.47 | 7 465 | 1 368 | −0.98 | −10.07 |
| 79 | 16 702 228.68 | 3 902 534.51 | 607.68 | 5 826 | 1 459 | −6.29 | −8.14 |

**表 6.10　基于投影差改正的多项式模型单片定位检查点定位误差**　　　　单位:m

| 定位误差 点号 | X 坐标 | Y 坐标 | 高程 | 图像 x | 图像 y | ΔX | ΔY |
|---|---|---|---|---|---|---|---|
| 1 | 16 698 704.01 | 3 907 031.62 | 601.85 | 3 606 | 3 316 | 6.42 | −0.36 |
| 3 | 16 699 985.08 | 3 904 083.93 | 588.59 | 4 225 | 2 166 | 5.38 | −9.37 |
| 10 | 16 702 075.11 | 3 906 766.49 | 574.41 | 6 337 | 3 000 | 8.50 | 1.92 |
| 21 | 16 696 596.36 | 3 906 768.66 | 600.62 | 1 843 | 3 354 | 3.52 | 10.70 |
| 22 | 16 698 018.74 | 3 904 595.86 | 582.65 | 2 693 | 2 474 | −4.47 | 4.63 |
| 25 | 16 700 225.29 | 3 905 913.04 | 583.81 | 4 698 | 2 814 | 2.24 | −10.20 |
| 26 | 16 699 549.80 | 3 905 838.05 | 586.34 | 4 123 | 2 826 | 11.63 | 4.44 |
| 29 | 16 700 061.12 | 3 906 360.98 | 585.12 | 4 636 | 2 984 | −7.44 | −2.78 |
| 31 | 16 696 532.07 | 3 905 207.11 | 587.79 | 1 560 | 2 797 | 6.89 | −4.47 |
| 38 | 16 704 174.40 | 3 905 902.11 | 566.13 | 7 943 | 2 551 | 7.86 | 0.64 |
| 41 | 16 699 634.96 | 3 909 646.67 | 827.94 | 4 585 | 4 208 | −0.36 | −5.19 |
| 42 | 16 701 663.13 | 3 909 613.47 | 840.00 | 6 243 | 4 064 | −4.66 | −5.31 |
| 43 | 16 701 100.73 | 3 908 763.04 | 780.42 | 5 697 | 3 792 | −9.28 | −9.28 |
| 44 | 16 703 176.11 | 3 910 258.02 | 820.59 | 7 594 | 4 200 | −3.82 | −2.51 |
| 48 | 16 704 706.52 | 3 911 246.55 | 805.81 | 9 003 | 4 459 | 5.59 | 6.62 |
| 50 | 16 704 906.64 | 3 908 892.79 | 780.32 | 8 844 | 3 592 | −11.84 | −5.72 |
| 51 | 16 702 651.94 | 3 908 937.12 | 812.04 | 6 969 | 3 756 | −0.48 | −10.65 |
| 52 | 16 703 519.67 | 3 907 680.39 | 756.15 | 7 549 | 3 241 | −10.84 | −7.50 |
| 54 | 16 704 218.77 | 3 902 825.20 | 593.06 | 7 515 | 1 436 | −3.13 | −10.64 |
| 58 | 16 698 961.78 | 3 903 833.17 | 593.34 | 3 340 | 2 142 | −1.77 | −11.43 |

续　表

| 点号 定位误差 | X 坐标 | Y 坐标 | 高程 | 图像 $x$ | 图像 $y$ | $\Delta X$ | $\Delta Y$ |
|---|---|---|---|---|---|---|---|
| 59 | 16 697 028.07 | 3 904 282.11 | 600.42 | 1 828 | 2 425 | −7.07 | 4.16 |
| 60 | 16 695 269.09 | 3 909 557.85 | 803.28 | 1 014 | 4 461 | −0.46 | −4.82 |
| 64 | 16 694 720.96 | 3 906 418.20 | 594.84 | 260 | 3 353 | 0.24 | 1.34 |
| 65 | 16 697 943.50 | 3 910 151.69 | 607.99 | 3 428 | 4 499 | 9.35 | 5.44 |
| 66 | 16 701 176.99 | 3 910 971.23 | 861.86 | 6 036 | 4 587 | −6.83 | 3.25 |
| 67 | 16 700 436.59 | 3 908 219.74 | 771.56 | 5 070 | 3 638 | −7.63 | −10.55 |
| 69 | 16 695 485.06 | 3 907 737.55 | 605.77 | 1 068 | 3 784 | 2.27 | −3.16 |
| 70 | 16 696 707.49 | 3 907 525.68 | 605.84 | 2 040 | 3 629 | −2.23 | −10.04 |
| 73 | 16 699 683.73 | 3 907 265.05 | 594.46 | 4 452 | 3 337 | −3.04 | −1.99 |
| 74 | 16 701 543.22 | 3 907 137.93 | 590.49 | 5 962 | 3 172 | −5.35 | −7.69 |
| 78 | 16 704 196.62 | 3 902 632.44 | 592.47 | 7 465 | 1 368 | −0.31 | −11.15 |
| 79 | 16 702 228.68 | 3 902 534.51 | 607.68 | 5 826 | 1 459 | −5.51 | −10.56 |

表 6.11　单片定位精度分析表　　　　单位:m

| 模　型 | 误差最大值 | 中误差 |
|---|---|---|
| F.Leberl | 14.40 | 6.00 |
| 基于投影差改正的多项式 | 11.84 | 6.31 |

从单片定位试验可以看出:

在已知 DEM 数据或者平坦地区,可以利用 F.Leberl 模型和基于投影差改正的多项式模型解算指定目标的地面坐标,定位中误差分别为 6.00m 和 6.31m,满足了无人机信息提取对定位精度的要求,单片定位为无人机信息处理提供了一种新的目标提取方法,在精度要求不高或者已知数据不足的情况下可以实现定位解算。

# 6.4　本　章　小　结

　　本章重点研究了机载 SAR 正射影像的提取方法,探讨了正射纠正常用数学模型的原理及其特点,并提出了采用 F. Leberl 模型、基于投影差改正的多项式模型和 DLT 模型作为无人机载 SAR 图像纠正模型,在基于所开发的无人机载 SAR 图像正射纠正程序模块和精度分析程序模块进行了试验,试验结果说明了算法的正确性和可行性,图像正射纠正精度满足了无人机信息提取与多源图像融合的需要;针对无人机载 SAR 图像使用过程中会遇到单片定位的问题,本章研究了基于 F. Leberl 模型的单片定位方法,提出了基于投影差多项式的单片定位方法,两种方法定位精度均能够满足无人机目标定位的需求。

# 第 7 章　无人机载 SAR 图像分类

目前,从无人机侦察图像中获取信息的主要方式是图像判读。图像判读(image interpretation),又称"图像解译""图像判释",或"像片判读"(Photo Interpretation)。它是根据地面(包括水面)目标的成像规律和特征,运用人的实践经验与知识,根据应用目的与要求,解释图像所具有的意义,从图像获取所需信息的基本过程。图像判读主要依据目标在图像上的特征反应,常用在无人机侦察图像判读上的特征有形状、大小、色调、阴影、位置、纹理以及活动特征。目前无人机航空像片的判读主要采用无人机航空像片全数字定位仪进行目标判读分析,对于机载 SAR 图像尚没有辅助自动判读分析的设备,SAR 成像方式(相干斑噪声、近距离压缩、斜距成像等)增加了 SAR 图像解译的难度,迫切需要研究一种能够辅助无人机载 SAR 判读分析的方法。本章针对无人机载 SAR 图像单波段单极化特点,探讨了机载 SAR 图像分类技术,为无人机载 SAR 图像判读分析提供一种新的辅助处理手段。

## 7.1　分类方法概述

### 7.1.1　分类流程

机载 SAR 图像分类属于模式识别范畴。一个典型的模式识别系统主要包括数据获取、预处理、特征提取与选择以及决策分类四个过程,在无人机载 SAR 图像分类子系统设计中将分类过程归纳为五个步骤:图像噪声滤波、特征提取、特征选择、分类器设计、分类输出。

图像噪声滤波的作用是减少噪声对分类效果的影响,关于 SAR 图像噪声滤波详见本书第 3 章所述。

特征提取可以直接提取图像中目标的灰度特征,也可以是灰度的统计特征、纹理特征、几何特征以及变换特征等。

特征选择的作用是确定能够最好地辨别物体类别的物体性能以及如何度量这些性能的方法。特征选择是分类过程的一个主要环节,分类效果的好坏不仅与分类器的设计有关,还与特征空间的构成及类别在空间中的可分性密切相关。正确的特征选择是有效地进行分类的重要前提和保证。每一类目标属性可以用一定的变量进行描述。在分类过程中,并非是特征数越多越好。特征选择的目的就是从中选择对分类最有效的参数,突出某些有用的信息,抑制或限制一些干扰信息。一般来说,特征选择就是在不损失重要信息的前提下,从 $n$ 个特征中按照一定的特征有效性准则求出 $m(m \leqslant n)$ 个有效的特征的过程。

分类器是分类系统的决策部分,良好的分类数学模型可以提高分类处理的速度和可靠性,分类器的设计原则就是能够最优地将需要提取的目标从图像中分离开来。在分类过程中,在分类模型确定的前提下,分类判决函数和准则也同样影响分类的效果。分类判决函数是判断某一像元归属的量化指标,判据选择是要确定划分特征的依据,通常使用的分类判据有相关系数、欧氏距离、马氏距离、混合距离等;判决准则就是确定划分多个模式类应遵循的基本规则,常用的分类准则有最小误差准则、最小风险准则、最小距离准则、聂曼-皮尔逊准则等。

分类输出除了对分类结果进行整理以外还需要估计各种可能的错分类的期望值。在客观世界中,每一个事物都有自己特定的特征、性质及客观联系,这些构成了事物的属性,具有相同属性的事物就形成一类,不同属性的事物其类别也不同。无人机载 SAR 图像分类就是依据图像上的信息进行属性识别和分类,从而达到识别图像信息所对应的实际目标,提取所需目标信息的目的的。分类流程如图 7.1 所示。

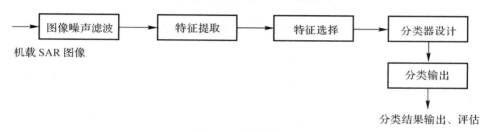

**图 7.1 分类流程图**

## 7.1.2 分类方法

遥感图像的分类方法主要有两种:一种是监督分类,另一种是非监督分类。监督分类是基于对遥感图像上样本区内分类的类别已知,利用这些样本类别的特征作为依据来识别非样本数据的类别;非监督分类是指事先对分类过程不施加任何的先验知识,而仅凭遥感图像的光谱特征的分布规律,即自然聚类的特性进行的分类。监督分类采取先学习后分类的方式,在样本和特征选择恰当的前提下适合自动化处理。

　　无人机载 SAR 图像分类属于遥感图像分类范畴,从分类方法上可以采用监督分类也可以采用非监督分类,具体采用哪种分类方法需要从具体问题出发考虑和选择。

# 7.2　纹理分析

　　纹理指的是图像的某一区域的粗糙度或者一致性,它和表面粗糙度有关。纹理不是一个精确的、定量的目标物的特征,它通常所使用的术语都是粗的、中等的、细的、粒状的、斑点状的、光滑的或粗糙的等等。所谓纹理基元是指由像素组成的具有一定大小和形状的集合(如条状、丝状、圆斑、块状等)。所以,纹理分析的任务,则首先从像素出发,检测出纹理基元,并找出纹理基元排列的信息,建立纹理基元模型。如果已知纹理基元,需要描述基元的排列规则,称为纹理的结构分析。

　　在机载 SAR 图像分类处理中,纹理特点主要表现为目标图像的形状、方位、匀质程度以及不同的目标之间的空间相关关系和亮度反差关系等。图像的纹理与图像的灰度有着不可分割的关系,并且是通过亮度变化的形式表现出来的。SAR 图像的纹理特征和光谱特征一样,对图像的分类处理起着关键的作用。这两种特征在 SAR 图像的识别分类中相互关联,相互补充,在单纯利用灰度特征对某些目标类别难以区分时,纹理特征的引入便有可能对它们加以区分。

　　纹理特征不能独立的从单个像素中获得,它必须要涉及某像素邻域的亮度信息,因此纹理特征的提取和分析总是作用在一个子图像区域上的。纹理基元分析方法,主要可以分为统计分析方法和结构分析方法。例如,遥感图像中的森林、山脉、草地的纹理细而无规则,一般采用统计方法;衣着、花布图案等常规的图像,一般采用结构方法。统计分析方法又分为空间域方法和变化域方法。

## 7.2.1　纹理分析方法

### 1.结构分析方法

　　结构分析方法认为纹理是由精确定义的纹理基元按照一定规则的空间排列组合起来的。结构分析方法首先是要确定和抽取基本的纹理单元;其次是研究存在于纹理基元之间的"重复性"的结构关系,也就是说纹理基元的排列规则。利用结构法,就必须对纹理元的结构和排列规则有明确的表达。

　　但是对于机载 SAR 图像而言,很少存在规则的纹理结构,而且纹理基元的提取和纹理基元之间的排列规则的表达本身就很困难。因此,SAR 图像处理中很少采用结构分析方法。

**2.统计分析方法**

纹理的统计分析方法是研究像元或指定区域的灰度或属性的统计规律,从而用各种统计量描述纹理的方法。统计分析方法较多,常用的有:

(1)直方图法。直方图是图像窗口中多种不同灰度的像素分布的概率统计。视觉系统所观察到的图像窗口中的纹理基元必然对应于一定的概率分布的直方图,其间存在着一定的对应关系。根据这个特点,就可以让计算机来进行两个适当大小的图像窗口的纹理基元的计算和分析。若已知两个图像窗口中的一个窗口里的纹理基元,且两个窗口的直方图相同或相似,则说明第二个窗口中可能具有类似第一个窗口的纹理基元。若将连续的图像窗口的直方图的相似性进行比较,就可以发现及鉴别纹理基元排列的周期性及紧密性等。

需要指出的是,相同的纹理基元具有相同的直方图,但相同的直方图可能会有不同的纹理基元相对应,所以在运用直方图进行纹理基元的分析和比较时,还要加上基元的其他特征。

(2)自相关函数法。从遥感图像上观察地球表面,地块的纹理特征非常突出,不同类型的地块具有不同的纹理特征。有很多学者曾经研究通过自相关函数的纹理分析方法对遥感图像进行识别分析。

(3)灰度共生矩阵法。灰度共生矩阵可以反映不同像素相对位置的空间信息,对于一幅规定了方向 $\theta$ 和距离 $d$ 的图像,其共生矩阵 $P$ 的第 $(i,j)$ 个元素值等于灰度级 $i$ 和灰度级 $j$ 在沿规定的方向 $\theta$、相距指定距离 $d$ 的两个像素出现的频数与对共生矩阵 $P$ 有贡献的像素对的总数 $M$ 的比值。各种共生矩阵可以通过对距离和方向的各个组合来定义,计算出共生矩阵 $P$ 后,可由此计算出诸如熵、惯性矩、能量等纹理特征。

## 7.2.2　灰度共生矩阵

**1.灰度共生矩阵的提取**

SAR 图像的灰度共生矩阵反映了图像灰度方向、相邻间隔、变化幅度的综合信息,是分析图像的局部模式及其排列规则的基础,据此可进一步提取描述图像纹理的一系列特征。它并不是孤立地对图像像素进行考察,而是描述具有某种关系的像素与像素之间出现的频率。灰度共生矩阵定义为

$$P(i,j)=[p(i,j\mid d,\theta)] \tag{7.1}$$

式中　$d$——相隔距离;

$\theta$——方位;

$p(i,j)$——从灰度为 $i$ 的点离开某个间隔距离 $d$,方位为 $\theta$ 的点上灰度为 $j$ 的概率。

**2.灰度共生矩阵的特性**

(1)灰度共生矩阵是对称方阵。灰度共生矩阵是一个对称方阵,即 $p(i,j)=p(j,i)$。这个方阵的大小与图像的灰度级有关,如果图像的灰度级为 $L$,则共生矩阵的大小为 $L\times L$。处理问题过程中,在不影响图像纹理的分析的前提下,可以先对图像的灰度级进行压缩,然后再求灰度共生矩阵。

(2)灰度共生矩阵与统计方向和距离有关。从灰度共生矩阵公式可以看出,不同的统计方向、统计距离得到的矩阵是不同的。因此,在利用灰度共生矩阵对图像的纹理进行分析的过程中,要根据图像纹理的自身特点来选择生成灰度共生矩阵的统计方向和统计距离。

(3)矩阵元素值的分布与图像的信息丰富程度密切相关。灰度共生矩阵的非零元素值如果集中在主对角线上,则说明检测区域的图像信息量在该统计灰度共生矩阵的方向上低,如果非零元素值在非主对角线上分布,且比较分散,则说明检测区域在该方向上图像灰度变化频繁,具有较大的信息量。

(4)矩阵元素值的大小相对于主对角线的分布与图像的纹理粗细程度有关。分析图像及其生成的灰度共生矩阵的元素值大小分布情况,可以得到以下结论:若统计生成共生矩阵的距离为一个像素,如果靠近主对角线的元素值较大,则说明图像的纹理比较粗糙;反之,如果离主对角线较远的元素值较大,则表明图像的纹理比较细。

**3.灰度共生矩阵特征量**

灰度共生矩阵本身并不能直接提供区别纹理的特性,为了能描述纹理的性质,需要从 $p(i,j\mid d,\theta)$ 中进一步提取描述图像纹理的特征,用来定量描述纹理特性,常选择能量、惯性矩、相关性、熵、局部均匀性、方差、均值作为描述纹理的特征量。

(1)能量。能量是图像灰度分布均匀性的度量。当灰度共生矩阵中的元素分布较集中于主对角线时,说明从局部区域观察图像的灰度分布是较均匀的;从图像整体来看,纹理较粗。图像同质区占面积较大且较多时,能量较大;纹理较细,能量较小。

$$E(d,\varphi)=\sum_i\sum_j\left[p(i,j\mid d,\varphi)\right]^2 \tag{7.2}$$

(2)惯性矩。

$$I(d,\varphi)=\sum_k k^2\left[\sum_i\sum_j\left[p(i,j\mid d,\varphi)\right]^2\right] \tag{7.3}$$

式中,$k=i-j$。

图像惯性矩可以理解为图像的清晰程度。在图像中,纹理的沟纹越深,则惯性矩越大,图像的视觉效果越清晰。

(3) 相关性。

$$C(d,\varphi) = \frac{\sum_i \sum_j ij p(i,j \mid d,\varphi) - \mu_x \mu_y}{\sigma_x^2 \sigma_y^2} \tag{7.4}$$

式中  $\mu_x = \sum_i i \sum_j p(i,j \mid d,\varphi)$    $\mu_y = \sum_j j \sum_i p(i,j \mid d,\varphi)$

$\sigma_x^2 = \sum_i (i-\mu_x)^2 \sum_j p(i,j \mid d,\varphi)$    $\sigma_y^2 = \sum_j (j-\mu_y)^2 \sum_i p(i,j \mid d,\varphi)$

相关性是用来衡量灰度共生矩阵的元素在行的方向和列的方向的相似程度,当像素对之间存在线性关系时,纹理相关性将增大。

(4) 熵。

$$H(d,\varphi) = -\sum_i \sum_j p(i,j \mid d,\varphi) \lg p(i,j \mid d,\varphi) \tag{7.5}$$

熵主要描述图像的无序性,当类别数比较多或图像的纹理比较杂乱时,熵取值较大。熵值是图像所具有信息量的度量,纹理信息也属于图像的信息。若图像没有任何纹理,则灰度共生矩阵几乎为零阵,则熵值接近为零;若图像充满着细纹理,灰度共生矩阵元素的数值近似相等,则该图像的熵值最大;若图像中分布着较少的纹理,灰度共生矩阵元素的数值差别较大,则该图像的熵值较小。

(5) 局部均匀性。

$$L(d,\varphi) = \sum_i \sum_j \frac{1}{1+(i-j)^2} p(i,j \mid d,\varphi) \tag{7.6}$$

局部均匀性是图像同质区的测度,同质区越多,局部平稳性越下降。

对于匀质区域,其灰度共生矩阵的元素集中在对角线上,$|i-j|$ 值小,则均匀性特征值较大;对非匀质区域,由于其灰度共生矩阵的元素集中在远离对角线上,$|i-j|$ 值大,则均匀性的值较小,所以均匀性特征是图像分布平滑性的测度。

(6) 纹理均值。

$$U(d,\varphi) = \sum_i \sum_j i p(i,j \mid d,\varphi) \tag{7.7}$$

纹理均值反映了图像的均匀特性。

(7) 纹理方差。

$$V(d,\varphi) = \sum_i \sum_j (i-U(d,\varphi))^2 p(i,j \mid d,\varphi) \tag{7.8}$$

纹理方差是图像异质区的测度。

## 7.2.3  SAR 图像纹理分析

SAR 图像的纹理可分为三种:细微、中等和宏观纹理。细微纹理以分辨率单元为尺度表示空间色调变化,它由 SAR 图像固有的光斑特性所决定,因此,它与分辨单元的大小和分辨单元内的独立样本数的多少有关。由于这是一种固有的纹理特征,一般不能根据它来识别面目标的类型。中等纹理实际上是细微纹理的包络,它是由同一种目标的若干分辨单元空间排列的不均匀性和不同目标的细微纹理占有多个分辨单元而形成的,即以多个分辨单元为尺度来表示的空间色调变化,中等纹理是用来辨别面目标的重要信息之一。宏观纹理实际上就是地形结果特征,它是由于雷达回波随地形结构特征的变化从而改变了雷达波束与目标之间的几何关系和入射角形成的,这种纹理是地址和地貌解译的重要因素。细微纹理是随机的,而中等和宏观纹理都是空间的随机分布。

# 7.3　两种非监督分类方法

## 7.3.1　K-均值法

K-均值算法能够使聚类域中所有样本到聚类中心的距离平方和最小。其原理为:先取 $k$ 个初始距离中心,计算每个样本到这 $k$ 个中心的距离,找出最小距离把样本归入最近的聚类中心,修改中心点的值为本类所有样本的均值,再计算各个样本到 $k$ 个中心的距离,重新归类,修改新的中心点,直到新的距离中心等于上一次的中心点迭代结束。该算法的结果受到聚类中心的个数以及初始聚类中心的选择影响,也受到样本几何性质及排列次序影响。如果样本的几何特性表明它们能形成几个相距较远的小块孤立区域,则算法多能收敛。在初始类别的选取上,可以采用最大最小距离、局部直方图峰值等方法,这样可以提高分类的准确性。

其算法框图如图 7.2 所示。

具体计算步骤如下:

假设图像上的目标要分为 $m$ 个类别,$m$ 为已知数。

第一步:适当地选取 $m$ 个类的初始中心 $Z_1^{(1)}, Z_2^{(1)}, \cdots, Z_m^{(1)}$,初始中心的选择对聚类结果有一定的影响,初始中心的选择一般有如下几种方法:

a. 根据问题的性质,根据经验确定类别数 $m$,从数据中找出从直观上看来比较适合的 $m$ 个类的初始中心。

b. 将全部数据随机地分为 $m$ 个类别,计算每类的重心,将这些重心作为 $m$ 个类的初始中心。

第二步:在第 $k$ 次迭代中,对任一样本 $X$ 按如下的方法把它调整到 $m$ 个类别中的某一类别中去。对于所有的 $i \neq j, i=1,2,\cdots,m$，如果 $\parallel X - Z_j^{(k)} \parallel < \parallel X - Z_i^{(k)} \parallel$，则 $X \in S_j^{(k)}$，其中 $S_j^{(k)}$ 是以 $Z_j^{(k)}$ 为中心的类。

第三步：由第二步得到 $S_j^{(k)}$ 类新的中心 $Z_j^{(k+1)}$，$Z_j^{(k+1)} = \dfrac{1}{N_j} \sum\limits_{X \in S_j^{(k)}} X$。

式中，$N_j$ 为 $k+1$ 类中的样本数。$Z_j^{(k+1)}$ 是按照使 $J$ 最小的原则确定的，$J$ 的表达式为：

$$J = \frac{1}{N_j} \sum_{X \in S_j^{(k)}} \parallel X - Z_j^{(k+1)} \parallel^2 \tag{7.9}$$

第四步：对于所有的 $i=1,2,\cdots,m$，如果 $Z_j^{(k+1)} = Z_j^{(k)}$，则迭代结束，否则转到第二步继续进行迭代。

这种算法的结果受到所选聚类中心的数目和其初始位置以及模式分布的几何性质和读入次序等因素的影响，并且在迭代过程中又没有调整类数的措施，因此可能产生不同的初始分类得到不同的结果，这是这种方法的缺点。可以通过其他的简单的聚类中心试探方法，如最大最小距离定位法，找出初始中心，提高分类效果。

图 7.3 所示为利用该算法对机载 SAR 图像进行分类的结果图像，该图像分类结果有两类：水和背景。

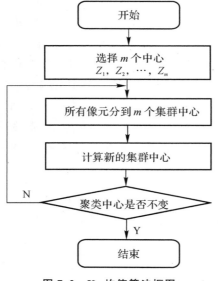

图 7.2　K-均值算法框图

图 7.3　K-均值法分类结果图像

## 7.3.2　ISODATA 算法分类

迭代自组织的数据分析算法（Iterative Self-organizing Data Analysis Techniques

Algorithm)也称 ISODATA 算法,该算法与 K -均值算法有相似之处,即聚类中心也是通过样本均值的迭代运算来决定的。但 ISODATA 加入了一些试探性的步骤,能吸取中间结果所得到的经验,在迭代过程中可以将一类一分为二,也可以将两类合并,即"自组织",这种算法具有启发性。具体来说,其一,它不是每调整一个样本的类别就重新计算一次各类样本的均值,而是在每次把所有样本都调整完毕以后才重新计算一次各类样本的均值,前者称为逐个样本修正法,后者称为成批样本修正法;其二,ISODATA 算法不仅可以通过调整样本所属类别完成样本的聚类分析,而且可以自动地进行类别的"合并"和"分裂",从而得到类数比较合理的聚类结果。

ISODATA 算法过程框图如图 7.4 所示。

其中具体算法步骤如下:

第一步:将 N 个模式样本 $\{X_i, i=1,2,3,\cdots,N\}$ 读入。

预选 $N_c$ 个初始聚类中心 $\{Z_1,Z_2,\cdots,Z_{N_c}\}$,它可以不必等于所要求的聚类中心的数目,其初始位置亦可从样本中任选一些代入。

预选:$K$ =预期的聚类中心数目;

$\theta_N$ =每一聚类域中最少的样本数目,即若少于此数就不作为一个独立的聚类;

$\theta_S$ =一个聚类域中样本距离分布的标准差;

$\theta_c$ =两聚类中心之间的最小距离,如小于此数,两个聚类进行合并;

$L$ =在一次迭代运算中可以合并的聚类中心的最多对数;

$I$ =迭代运算的次数序号。

第二步:将 N 个模式样本分给最近的聚类 $S_j$,假如

$$D_j = \min(\|X - Z_j\|, i=1,2,\cdots,N_c) \tag{7.10}$$

即 $\|X - Z_j\|$ 的距离最小,则 $x \in S_j$。

第三步:如果 $S_j$ 中的样本数目 $N_j < \theta_N$,取消该样本子集,这时 $N_c$ 减去 1。

第四步:修正各聚类中心值:

$$Z_j = \frac{1}{N_j} \sum_{X \in S_j} X, j=1,2,\cdots,N_c \tag{7.11}$$

式中,$N_j$ 为 $S_j$ 类中的样本数。

第五步:计算各聚类域 $S_j$ 中诸聚类中心间的平均距离:

$$\overline{D}_j = \frac{1}{N_j} \sum_{X \in S_j} \|X - Z_j\|, j=1,2,\cdots,N_c \tag{7.12}$$

第六步:计算全部模式样本对其相应聚类中心的总平均距离:

$$\overline{D} = \frac{1}{N} \sum_{j=1}^{N_c} N_j \overline{D}_j \tag{7.13}$$

式中,$N$ 为样本总数。

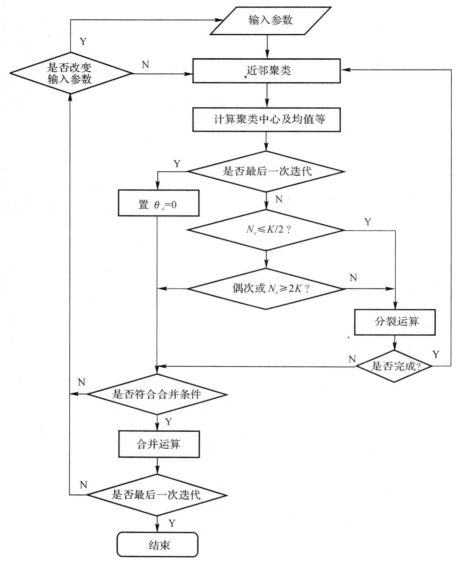

图 7.4 **ISODATA** 算法过程框图

第七步:判别分裂、合并及迭代运算等步骤:

a. 如迭代运算次数已达 $I$ 次,即最后一次迭代,置 $\theta_c=0$,跳到第十一步。

b. 如 $N_c \leqslant K/2$,即聚类中心的数目等于或不到规定值的一半,则进入第八步,将已有的聚类分裂。

c.如迭代运算的次数是偶次,或 $N_c \geqslant 2K$,不进行分裂处理,跳到第十一步;如不符合以上两个条件(即既不是偶次迭代,也不是 $N_c \geqslant 2K$),则进入第八步,进行分裂处理。

第八步:计算每聚类中样本距离的标准差向量:

$$\boldsymbol{\sigma}_j = (\sigma_{1j} \quad \sigma_{2j} \quad \cdots \quad \sigma_{n_i j})^T$$

其中向量的各个分量为

$$\sigma_{ij} = \sqrt{\frac{1}{N_j} \sum_{x \in S_j} (x_{ik} - z_{ij})^2} \tag{7.14}$$

式中,维数 $i=1,2,\cdots,n$;聚类数 $j=1,2,\cdots,N_c$;$k=1,2,\cdots,N_j$。

第九步: 求每一标准差向量 $\{\sigma_j, j=1,2,\cdots,N_c\}$ 的最大分量, 以 $\{\sigma_{j\max}, j=1,2,\cdots,N_c\}$ 代表。

第十步:在任一最大分量集 $\{\sigma_{j\max}, j=1,2,\cdots,N_c\}$ 中,如有 $\sigma_{j\max} > \theta_S$(该值给定),同时又满足以下两条件之一:

a.$\overline{D}_j > D$ 和 $N_j > 2(\theta_N + 1)$,即 $S_j$ 中样本总数超过规定值 1 倍以上。

b.$N_c \leqslant K/2$。

则将 $z_j$ 分裂为两个新的聚类中心 $z_j^+$ 和 $z_j^-$,且 $N_c$ 加 1。$z_j^+$ 中相当于 $\sigma_{j\max}$ 的分量,可加上 $k\sigma_{j\max}$,其中 $0 < k \leqslant 1$;$z_j^-$ 中相当于 $\sigma_{j\max}$ 的分量,可减去 $k\sigma_{j\max}$。如果本步完成了分裂运算,则跳回第二步;否则,继续。

第十一步:计算全部聚类中心的距离:

$$D_{ij} = \| Z_i - Z_j \|; i=1,2,\cdots,N_{c-1}; j=i+1,\cdots,N_c \tag{7.15}$$

第十二步:比较 $D_{ij}$ 与 $\theta_c$ 值,将 $D_{ij} < \theta_c$ 的值按最小距离次序递增排列,即

$$\{D_{i1j1}, D_{i2j2}, \cdots, D_{iLjL}\}$$

式中,$D_{i1j1} < D_{i2j2} < \cdots < D_{iLjL}$。

第十三步:如将距离为 $D_{i1j1}$ 的两个聚类中心 $z_{il}$ 和 $z_{jl}$ 合并,得新中心为

$$z_l^* = \frac{1}{N_{il} + N_{jl}} [N_{il} z_{il} + N_{jl} z_{jl}] \tag{7.16}$$

$$i=1,2,\cdots,L$$

式中,被合并的两个聚类中心向量,分别以其聚类域内的样本数加权,使 $z_l^*$ 为真正的平均向量。

第十四步:如果是最后一次迭代运算(即第 $I$ 次),算法结束。否则转至第一步——如果需由操作者改变输入参数;或转至第二步——如果输入参数不变。在本步运算里,迭代运算的次数每次应加 1。

图 7.5 所示为利用该算法对机载 SAR 图像进行分类的结果图像,该图像分类结果有

两类:居民地和背景。

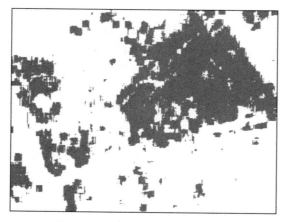

**图 7.5　ISODATA 法分类结果图像**

# 7.4　基于 BP 神经网络的机载 SAR 图像分类

## 7.4.1　BP 神经网络

人工神经网络(artificial neural networks),简称神经网络,是对人脑或自然神经网络若干基本特性的抽象和模拟,是一种基于连接学说构造的智能仿生模型,是由大量神经元组成的非线性动力系统。

神经网络可以看成是从输入空间到输出空间的一个非线性映射,它通过调整权值和阈值来学习或发现变量间的关系,实现对事务的分类。由于神经网络是一种对数据分布无任何要求的非线性技术,它能有效解决非正态分布、非线性的评价问题,因而得到广泛的应用。神经网络具有信息的分布存储,并行处理及自学习能力等特点,它在信息处理、模式识别、智能控制等领域有着广泛的应用前景。

在神经网络算法中,比较著名的是 BP 神经网络算法。BP 神经网络含有一层或多层隐含单元,隐单元从输入模式中提取更多有用的信息,使网络可以完成更复杂的任务;同时 BP 神经网络的多个突触使得网络更具连通性,连接域的变化或连接权值的变化都会引起连通性的变化。鉴于 BP 神经网络的优点和无人机载 SAR 图像单极化的特点,本节主要探讨基于 BP 神经网络的机载 SAR 图像分类方法。

**1. BP 神经网络基本原理**

　　BP 神经网络是一种具有三层或三层以上的多层神经网络,每一层都由若干个神经元组成,如图 7.6 所示。它的左、右各层之间各个神经元实现全连接,即左层的每一个神经元与右层的每个神经元都有连接,而上下各神经元之间无连接,如图 7.7 所示。BP 神经网络按监督分类方式进行训练,当将某一学习模式提供给网络后,其神经元的激活值将从输入层经各中间层向输出层传播,在输出层的各神经元输出对应于输入模式的网络响应。然后,按减少希望输出与实际输出误差的原则,从输出层经各中间层、最后回到输入层逐层修正各连接权值。这种修正过程是从输出到输入逐层进行的,所以也称它为"误差逆传播算法",随着这种误差逆传播训练的不断进行,网络对输入模式响应的正确率也将不断提高。

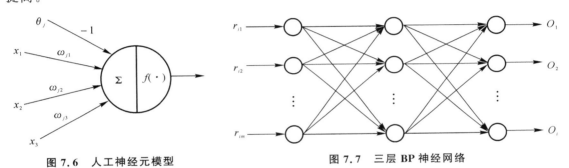

图 7.6　人工神经元模型　　　　　　　　图 7.7　三层 BP 神经网络

**2. BP 神经网络学习过程**

　　为了使 BP 神经网络具有某种功能,完成某项任务,必须调整层间连接权值和节点阈值,使所有样本的实际输出和期望输出之间的误差稳定在一个较小的值内。网络学习过程是一个迭代和优化过程,三层 BP 神经网络学习过程主要由以下四个部分组成。

　　(1)输入模式顺传播。该过程完成输入模式由输入层经中间层向输出层传播计算,即利用输入模式求出它所对应的实际输出。

　　1)确定输入向量 $\boldsymbol{X}_k$。$\boldsymbol{X}_k = \begin{bmatrix} x_1^k & x_2^k & \cdots & x_n^k \end{bmatrix}(k=1,2,\cdots,m)$;$m$ 是学习模式个数;$n$ 是输出层单元个数。

　　2)确定期望输出向量 $\boldsymbol{Y}_k$。$\boldsymbol{Y}_k = \begin{bmatrix} y_1^k & y_2^k & \cdots & y_q^k \end{bmatrix}$($q$ 是输出层单元数)。

　　3)计算中间层各神经元的激活值 $s_j$,如式(7.9)所示。

$$s_j = \sum_{i=1}^{n}(W_{ij}x_i) - \theta_j \quad j=1,2,\cdots \tag{7.17}$$

式中　$W_{ij}$ —— 输入层至中间层的连接权值;

　　　　$\theta_j$ —— 中间层单元的阈值;

$p$—— 中间层单元数。

激活函数采用 $s$ 型函数，即

$$f(x) = \frac{1}{1 + \exp(-x)} \tag{7.18}$$

4）计算中间层单元的输出值。将上面的激活值代入激活函数中可得中间层 $j$ 单元的输出值为

$$b_j = f(s_j) = \frac{1}{1 + \exp\left[-\sum_{i=1}^{n}(W_{ij}x_i) + \theta_j\right]} \tag{7.19}$$

阈值 $\theta_j$ 在学习过程中与权值一样也不断地被修正。

5）计算输出层第 $t$ 个单元的激活值 $o_t$。

$$o_t = \sum_{j=1}^{p}(W_{jt} \cdot x_j) - \theta_t \tag{7.20}$$

6）计算输出层第 $t$ 个单元的实际输出值 $c_t$。

$$c_t = f(o_t), \quad t = 1, 2, \cdots, q \tag{7.21}$$

式中　$W_{jt}$—— 中间层至输出层的权值；

　　　$\theta_t$—— 输出层单元阈值；

　　　$f$—— $s$ 型激活函数。

（2）输出误差的逆传播。该过程实现输出的误差由输出层经中间层传向输入层，主要是在第一步模式顺传播计算中得到的实际输出值与希望的输出值不一致或者误差大于限定的数值时，需要对网络进行校正。

这里的校正是从后向前进行的，即误差逆传播，计算时是从输出层到中间层，再从中间层到输入层。

1）输出层的校正误差为

$$d_t^k = (y_t^k - c_t^k)f'(o_t^k) \tag{7.22}$$

式中，$t = 1, 2, \cdots, q$（$q$ 是输出层单元数）；$k = 1, 2, \cdots, m$（$m$ 是学习模式总数）；$y_t^k$ 是希望输出；$c_t^k$ 是实际输出；$f'(\cdot)$ 是对输出层函数的导数。

2）中间层各单元的校正误差为

$$e_j^k = \left(\sum_{t=1}^{q}W_{jt}d_t^k\right)f'(s_j^k) \tag{7.23}$$

式中，$j = 1, 2, \cdots, p$（$p$ 是中间层单元数）；$k = 1, 2, \cdots, m$。

3）对于输出层至中间层连接权和输出层阈值的校正量为

$$\Delta V_{jt} = xd_t^k b_j^k \tag{7.24}$$

$$\Delta \gamma_t = xd_t^k \tag{7.25}$$

式中　$b_j^k$——中间层 $j$ 单元的输出；

$d_t^k$——输出层的校正误差。$j=1,2,\cdots,p;t=1,2,\cdots,q;k=1,2,\cdots,m;\alpha>0(\alpha$ 为学习系数)。

4) 中间层至输入层的校正量为

$$\Delta W_{ij}=\beta e_j^k x_i^k \qquad\qquad (7.26)$$

$$\Delta \theta_j=\beta e_j^k \qquad\qquad (7.27)$$

式中，$e_j^k$ 是中间层 $j$ 单元的校正误差；$i=1,2,\cdots,n(n$ 是输入层单元数)；$0<\beta<1$(学习系数)。

(3)循环记忆训练。为使网络的输出误差趋向于极小值，对于 BP 神经网络输入的每一组训练模式，一般要经过数百次甚至上万次的循环记忆训练，才能使网络记住这一模式。这种循环记忆训练实际上就是反复重复上面介绍的输入模式。

(4)学习结果的判别。每次循环记忆训练结束后，都要学习结果的判别。判别的目的主要是检查输出误差是否已经小到可以允许的程度，如果小到可以允许的程度，就可以结束整个学习过程，否则还要进行循环训练。

BP 神经网络的学习过程如图 7.8 所示。

## 7.4.2　分类方案设计

依据无人机载 SAR 图像分类流程，同时结合监督分类的特点，本节在 BP 神经网络的机载 SAR 图像分类的具体实现环节上主要分为图像噪声滤波、特征提取、特征选择、BP 神经网络分类器训练、分类决策、分类后处理、分类输出 7 个环节，如图 7.9 所示。

**1. 图像噪声滤波**

SAR 成像机理使得相干斑效应成为 SAR 图像的固有特性，因此在分类前的图像预处理中必须要解决噪声抑制问题，分类中采用基于 MSP‐ROA 的去噪方法，该方法在有效去除噪声的同时能够较好地保持目标边缘，从而在一定程度上提高了分类的边缘精度。

**2. 特征提取**

由于无人机载 SAR 图像是单波段、单极化图像，分类主要依据图像本身的灰度信息，因此在分类特征提取中主要提取了灰度均值、方差、熵以及纹理的能量、熵、惯性矩、方差、相关性、局部均匀性 9 个特征。

**3. 特征选择**

作为分类过程的一个主要环节，特征选择的作用是如何确定用于分类的特征以达到最好地辨别物体类别的目的。为了有效地分类，总是希望同类样本之间的距离越小越好，不同类别样本间的距离越大越好,即选用基于类内类间距准则的特征提取算法。

假设有 $c$ 个类型,令 $D_w$ 表示类内总平均平方距离,有

$$D_w = \sum_{i=1}^{c}(p_i d_i) \qquad (7.28)$$

式中 　$p_i$—— 第 $i$ 类样本出现的概率;

　　　$d_i$—— 第 $i$ 类样本的平均平方距离。

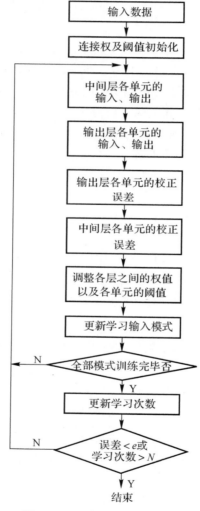

**图 7.8　BP 神经网络学习过程**

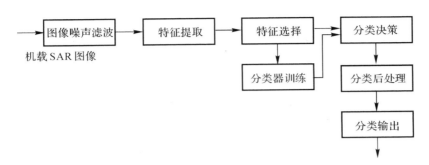

图 7.9　BP 神经网络分类器分类环节

设 $D_b$ 表示类间平均平方距离,有

$$D_b = \sum_{i=1}^{c} p_i (m_i - m)^{\mathrm{T}} (m_i - m) \tag{7.29}$$

由此可以建立反映类内距离最小类间距离最大的准则函数:

$$\varphi = D_b / D_w \tag{7.30}$$

在特征选择时,可以先对已知的样本根据式(7.30)计算多类目标的准则函数值 $\varphi$,取 $\varphi$ 最大值所对应的特征组合即为最佳分类特征向量。

**4. 分类器训练**

用 BP 算法训练网络时有两种方式:一种是顺序方式,即每输入一个训练样本修改一次权值;另一种方式是批处理方式,即待组成一个训练周期的全部样本都一次输入网络后,以总的平均误差能量为学习目标函数修正权值的训练方式。

顺序方式所需的临时存储空间较批处理方式小,而且随机输入样本有利于权值空间的搜索随机性,在一定程度上可以避免学习陷入局部最小。但是顺序方式的误差收敛条件难以建立,而批处理方式能够精确地计算出梯度向量,误差收敛条件非常简单,易于并行处理。

具体选择那种方式视情况而定,一般情况下顺序方式比较适合图像分类器的快速训练。

**5. 分类决策**

网络训练结束后,确定了各层之间的连接权值。对于未知的样本,即可输入到网络中计算输出值,进而确定所属类别。

**6. 分类后处理**

分类后处理主要是去除分类过程中产生的"毛刺",可以采用数学形态学开运算算子进行分类后处理工作。

数学形态学是由一组形态学的代数运算子组成的。最基本的形态学运算子有腐蚀、膨胀、开和闭。用这些运算子及其组合来进行图像形状和结构的分析及处理,包括图像分割、特征抽取、边缘检测、图像滤波等方面的工作。采用数学形态学的开运算算子对分类后的图像进行整理,去除小的凸起部分。

开运算是建立在腐蚀和膨胀两个基本运算基础之上的。

对于一个给定的目标图像 $X$ 和一个结构元素 $S$,设将 $S$ 在图像上移动。在每一个当前位置 $x$, $S[x]$ 只有三种可能的状态:

(1) $S[x] \subseteq X$;

(2) $S[x] \subseteq X^c$;

(3) $S[x] \bigcap X$ 与 $S[x] \bigcap X^c$ 均不为空。

第一种情形说明 $S[x]$ 与 $X$ 相关最大,第二种情形说明 $S[x]$ 与 $X$ 不相关,而第三种情形说明 $S[x]$ 与 $X$ 只是部分相关。因此,满足(1)的点 $x$ 的全体构成结构元素与图像的最大相关点集,称这个点集为 $S$ 对 $X$ 的腐蚀,记为 $X\Theta S$,也可以用集合的方式定义:

$$X\Theta S = \{x \mid S[x] \subseteq X\} \tag{7.31}$$

腐蚀可以看作是将图像 $X$ 中每一个与结构元素 $S$ 全等的子集 $S[x]$ 收缩为点 $x$。反之,也可以将 $X$ 中的每一个点 $X$ 扩大为 $S[x]$,这就是膨胀运算,记为 $X \oplus S$,定义为

$$X \oplus S = \{x \mid S[x] \bigcap x \neq \varnothing\} \tag{7.32}$$

与之等价的定义形式为

$$X \oplus S = \bigcup \{S[s] \mid s \in S\} \tag{7.33}$$

$$X \oplus S = \bigcup \{S[x] \mid x \in X\} \tag{7.34}$$

开运算是腐蚀和膨胀运算的两者组合,用 $X \circ S$ 表示 $X$ 对 $S$ 的开运算,则开运算定义为

$$X \circ S = (X\Theta S) \oplus S \tag{7.35}$$

因此,$X \circ S$ 可视为对腐蚀图像 $X\Theta S$ 用膨胀来进行恢复,开运算的定义也可以记为

$$X \circ S = \bigcup \{S[x] \mid S[x] \in X\} \tag{7.36}$$

开运算对边界进行了平滑,同时去掉了小的孤立凸角。在设计分类程序时就是利用开运算这个特性对分类的结果图像进行整理的,取得了较好的处理效果。

## 7.4.3 试验与结果分析

### 1.试验内容

BP 神经网络无人机载 SAR 图像分类。

## 2. 试验图像

试验数据为合肥某地区的机载 SAR 图像,分辨率为 5 m,如图 7.10 所示。在分类实验中类别数为 3,分别为水、居民地、背景。

图 7.10　原始 SAR 图像

## 3. 试验结果

图 7.11 所示为分类后的图像,图 7.12 所示为分类后处理的结果图像。

图 7.11　BP 分类后图像

**图 7.12    剔除小区域整饰后的图像**

**4.试验数据**

在分类实验中类别数为 3,即水、居民地、背景。计算的 3 类图像纹理特征统计分布如表 7.1 所示,灰度特征统计分布如表 7.2 所示。

**表 7.1    各类纹理特征统计分析**

| 类别数 | 能 量 | 熵 | 惯性矩 | 方 差 | 相关性 | 局部均匀性 |
|---|---|---|---|---|---|---|
| 水 | 0.014 891～<br>0.043 914 | 1.947 554～<br>1.821 326 | 5.223 776～<br>17.055 94 | 3.412 795～<br>8.268 925 | −0.003 79～<br>0.090 195 | 0.234 513～<br>0.513 261 |
| 居民地 | 0.003 692～<br>0.004 01 | 2.439 525～<br>2.439 525 | 2 205.622～<br>5 137.965 | 956.653 4～<br>2 530.197 | −0.000 087～<br>0.000 154 | 0.026 041～<br>0.064 967 |
| 背 景 | 0.003 839～<br>0.004 475 | 2.377 404～<br>2.426 895 | 283.60 84～<br>493.790 2 | 157.396 2～<br>272.136 | −0.000 96～<br>0.001 692 | 0.048 697～<br>0.082 376 |

**表 7.2    各类灰度特征统计分析**

| 类别数 | 方 差 | 均 值 | 熵 |
|---|---|---|---|
| 水 | 3.462 134～8.023 669 | 9.881 657～11.846 15 | 0.861 742～1.042 863 |
| 居民地 | 908.651 9～2 433.228 | 37.479 29～55.627 22 | 1.713 177～1.857 101 |
| 背 景 | 161.240 3～280.580 4 | 48.479 2 9～58.698 23 | 1.597 464～1.7129 97 |

为了更加形象地分析各个特征之间的统计关系,无人机载 SAR 图像分类子系统设计有特征图谱分析功能,本试验中对纹理对比度、纹理熵、纹理逆差矩、灰度均值、灰度熵特征的相互图谱进行了试验分析,如图 7.13～图 7.15 所示。

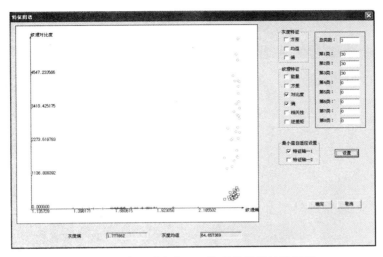

**图 7.13　纹理对比度——纹理熵特征统计图谱**

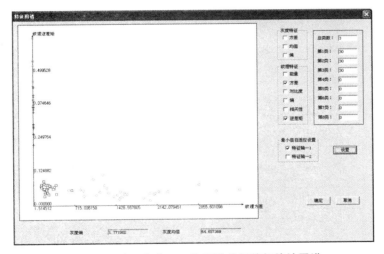

**图 7.14　纹理方差——纹理逆差矩特征统计图谱**

　　在分析特征图谱的基础上,依据特征选择的方法,本试验选择灰度均值、纹理方差、纹理熵、纹理逆差矩、纹理对比度 5 个特征量作为分类特征。

　　BP 神经网络输入层为 5 层,隐含层为 10 层,输出层为 2 层,输出层为二进制表示分类结果,在使用中将二进制转换为十进制。依据训练样本得到的权值如表 7.3、表 7.4 所示,选择一定的检验样本对分类进行局部检验,检验结果如表 7.5 所示。

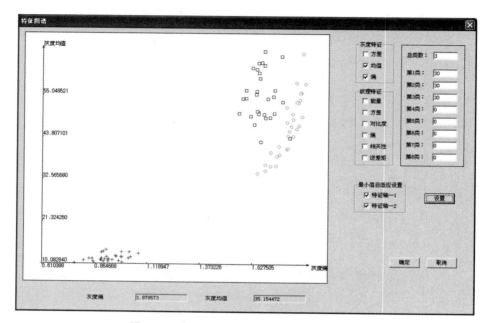

**图 7.15 灰度均值——灰度熵特征统计图谱**

**表 7.3 输入层到隐含层的权值**

| 输入层<br>隐含层 | 灰度均值 | 纹理方差 | 纹理熵 | 局部均匀性 | 惯性矩 |
|---|---|---|---|---|---|
| 1 | −6.450 06 | 1.204 896 | 1.110 097 | 3.778 856 | −0.363 94 |
| 2 | −0.651 36 | 1.450 074 | 0.388 466 | −2.002 | 0.001 669 |
| 3 | 0.350 417 | −0.979 91 | 0.210 255 | 0.915 942 | −0.986 35 |
| 4 | 1.886 203 | −0.026 31 | −1.201 34 | 1.649 026 | 0.520 484 |
| 5 | 8.741 171 | 1.046 785 | −2.159 06 | −2.480 71 | 1.837 402 |
| 6 | −0.708 44 | 0.306 441 | 1.096 288 | 1.549 955 | −1.225 3 |
| 7 | 26.665 74 | 0.127 917 | −8.680 72 | −10.956 1 | 0.153 123 |
| 8 | −10.799 6 | −3.495 87 | 6.482 215 | 5.314 03 | −1.293 85 |
| 9 | 8.920 762 | 0.372 706 | −4.896 5 | −5.323 6 | 1.215 907 |
| 10 | 14.944 8 | 1.400 329 | 3.921 058 | 3.307 775 | 1.936 009 |

表 7.4　隐含层到输出层的权值

| 隐含层 / 输出层 | 1 | 2 | 3 | 4 | 5 |
|---|---|---|---|---|---|
| 输出层 1 | 6.691 656 | −0.572 03 | 0.846 065 | −0.541 86 | −9.419 37 |
| 输出层 2 | −3.227 24 | −0.814 04 | −6.394 86 | −2.717 56 | −0.484 52 |
| 隐含层 / 输出层 | 6 | 7 | 8 | 9 | 10 |
| 输出层 1 | 1.886 004 | −17.090 9 | 5.326 569 | −9.043 71 | 8.261 122 |
| 输出层 2 | −0.996 9 | 19.880 96 | 12.143 1 | −10.371 5 | −11.151 4 |

表 7.5　样本期望值与 BP 神经网络输出值对照表

| | 样本 1 | 样本 2 | 样本 3 | 样本 4 | 样本 5 | 样本 6 | 样本 7 | 样本 8 |
|---|---|---|---|---|---|---|---|---|
| 期望值 | 0.001 2 | 0.000 6 | 0.002 1 | 0.002 1 | 0.001 4 | 0.001 6 | 0.000 7 | 0.000 8 |
| 输出值 | 0 | 0 | 0 | 0 | 0 | 0 | 0 | 0 |
| 误差值 | 0.001 2 | 0.000 6 | 0.002 1 | 0.002 1 | 0.001 4 | 0.001 6 | 0.000 7 | 0.000 8 |
| | 样本 9 | 样本 10 | 样本 11 | 样本 12 | 样本 13 | 样本 14 | 样本 15 | 样本 16 |
| 期望值 | 1 | 1 | 1 | 1 | 1 | 1 | 1 | 1 |
| 输出值 | 1.012 7 | 1.011 1 | 1.015 8 | 1.009 4 | 1.012 5 | 1.008 2 | 1.009 8 | 1.008 5 |
| 误差值 | 0.012 7 | 0.011 1 | 0.015 8 | 0.009 4 | 0.012 5 | 0.008 2 | 0.009 8 | 0.008 5 |
| | 样本 17 | 样本 18 | 样本 19 | 样本 20 | 样本 21 | 样本 22 | 样本 23 | 样本 24 |
| 期望值 | 2 | 2 | 2 | 2 | 2 | 2 | 2 | 2 |
| 输出值 | 1.994 5 | 1.995 8 | 1.973 5 | 1.997 7 | 1.942 2 | 1.998 1 | 1.971 5 | 1.908 2 |
| 误差值 | −0.005 5 | −0.004 2 | −0.026 5 | −0.002 3 | −0.057 8 | −0.001 9 | −0.028 5 | −0.091 8 |

从检验样本的分类误差(见图 7.12 和表 7.5)可以看出,采用所提出的分类特征,BP 神经网络能够较好地实现机载高分辨率 SAR 图像的自动分类。

**5. 结果分析**

从分类过程和结果可以得出:

(1)综合采用纹理特征的共生矩阵构成的特征系数以及灰度统计特征进行分类,两种特征相互关联,相互补充,提高了分类精度。

(2)在诸多特征选择中,类内类间距准则是一个比较有效的方法,实现了分类特征的有效组合。

(3)BP 神经网络的并行结构与并行处理、容错性、自适应性等优点使得它能够较好地解决多类目标自动分类问题,从试验来看,隐含层取特征数的 2 倍往往能够取得较好的分类效果。

(4)在试验中,发现在居民地、水域和背景的边缘的细小区域会出现部分毛刺,虽然可以采取形态学算子滤波减少毛刺效应,但是过分的滤波处理降低了提取精度,因此,在分类毛刺处理问题上需要进一步研究。

# 7.5 本 章 小 结

本章以无人机载 SAR 图像分类子系统的设计为牵引,介绍了机载 SAR 图像分类的流程,论述了纹理特征及纹理分析方法;探讨了非监督分类中的 K -均值、ISODATA 方法,对算法进行了设计;本章重点研究了 BP 神经网络作为分类器用于机载 SAR 图像分类的方法,提出了分类处理环节,在大量的试验和理论分析的基础上,提出了采用灰度和纹理特征作为分类特征,提出了综合几何特征相互关系图谱分析与基于类内类间距的特征选择准则实现分类特征的有效组合,设计了 BP 神经网络分类算法,在影响样本训练和分类效果的隐含层节点数问题上,取特征数的 2 倍为隐含层节点数,从试验结果和试验数据可以得出,基于 BP 神经网络的分类算法具有并行处理、容错性、自适应性等优点,能够较好地解决多类目标自动分类问题,数学形态学算子滤波减少了毛刺效应,对于分类后处理具有很好的效果。

# 第 8 章  无人机载 SAR 图像信息 提取系统设计与实现

为了满足无人机侦察图像信息提取的需要,依据本书所提出的无人机载 SAR 图像信息提取的相关算法,采用 Visual C＋＋语言设计和实现了无人机载 SAR 图像信息提取系统,并已将该系统用于无人机专业教学之中。

## 8.1  概    述

系统由无人机载 SAR 图像预处理、无人机载 SAR 图像配准、无人机载 SAR 图像立体判读与定位、无人机载 SAR 图像正射纠正、无人机载 SAR 图像分类五个子系统组成,组成示意图如图 8.1 所示。

该系统主要用于无人机载 SAR 图像信息提取涉及的预处理、配准、立体图像提取、目标定位、正射纠正、图像分类等方面使用。

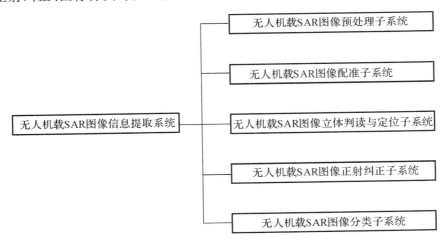

图 8.1  系统组成图

# 8.2　无人机载 SAR 图像预处理子系统

　　该子系统主要由图像去噪、指标评价、图像分割三个模块组成,具体组成如图 8.2 所示。

　　图像去噪不仅包括所提出的保持边缘去噪算法,也包括传统的如 Frost 滤波、Lee 滤波等算法,去噪处理为图像分类和图像配准奠定了基础。

　　指标评价是为了验证图像去噪效果而设计的模块,采用边缘保持能力等四个评价指标来定量评价算法的去噪性能。

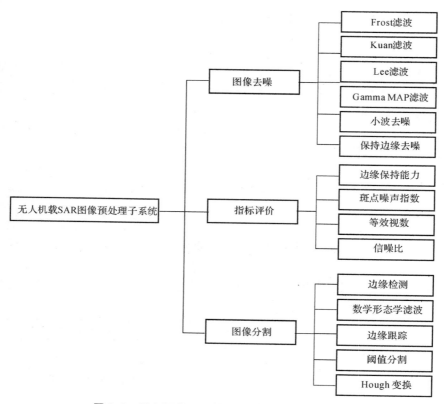

**图 8.2　无人机载 SAR 图像预处理子系统组成图**

　　图像分割是图像处理的重要内容之一,该模块主要是为了满足研究并探索新的用于无人机载 SAR 图像信息提取算法需要设计的,也可以用于图像辅助分析。

该子系统的程序界面如图 8.3 所示。

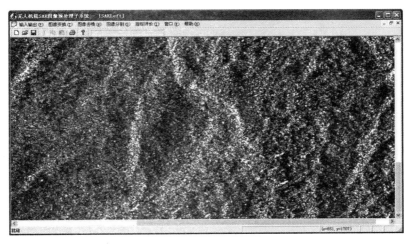

图 8.3　无人机载 SAR 图像预处理子系统界面

本书所提出的保持边缘去噪算法参数设置如图 8.4 所示。

图 8.4　保持边缘去噪参数设置对话框

# 8.3　无人机载 SAR 图像配准子系统

　　无人机载 SAR 图像配准子系统由无人机载 SAR 图像间配准模块和无人机载 SAR 图像与航空像片配准模块两个部分组成,如图 8.5 所示。

　　无人机载 SAR 图像间配准模块主要用于 SAR 图像镶嵌使用和解决立体定位时同名点的自动匹配问题,该模块根据处理图像的特点可以选择不同的算法。针对无人机飞行平稳时所获取的航带图像需要镶嵌处理时,采用 Harris 模板匹配或者 Moravec 模板匹配;针对飞行不平稳时可采用 Moravec – SIFT 匹配和 Harris – SIFT 匹配,经过多次试验验证基于 Harris – SIFT 点匹配算法具有较高的匹配可靠性。该模块集成在无人机信息处理中的 ReOrientation 程序中,如图 8.6 所示,匹配菜单如图 8.7 所示。

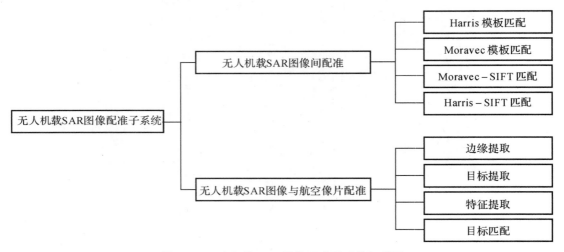

图 8.5　无人机载 SAR 图像配准子系统组成图

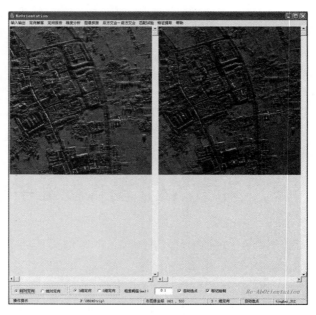

图 8.6　ReOrientation 界面

图 8.7　匹配菜单

无人机载 SAR 图像和航空像片配准模块是为了解决无人机侦察图像多源数据融合问题而设计的,在实际使用中可以直接进行配准处理,此时使用的参数为系统默认的参数;也可以分步执行,即从边缘提取、目标提取、特征提取,最后到目标匹配,每一个环节中可手工设置相应参数。

图 8.8～图 8.10 所示为特征匹配算法所涉及的 Canny 阈值参数设置、目标生长以及目标特征的设置和显示对话框。

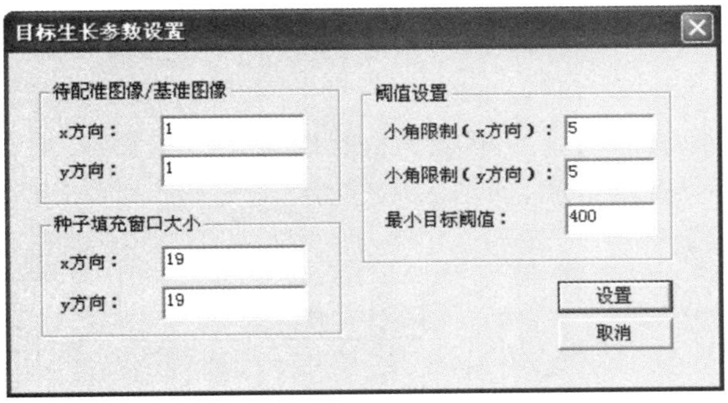

图 8.8　Canny 阈值参数设置

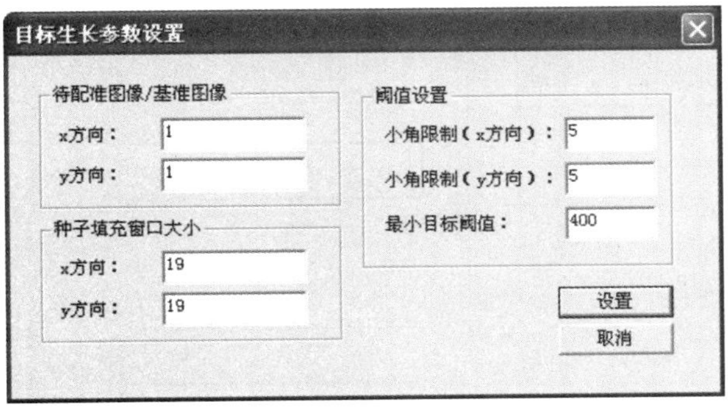

图 8.9　目标生长参数设置

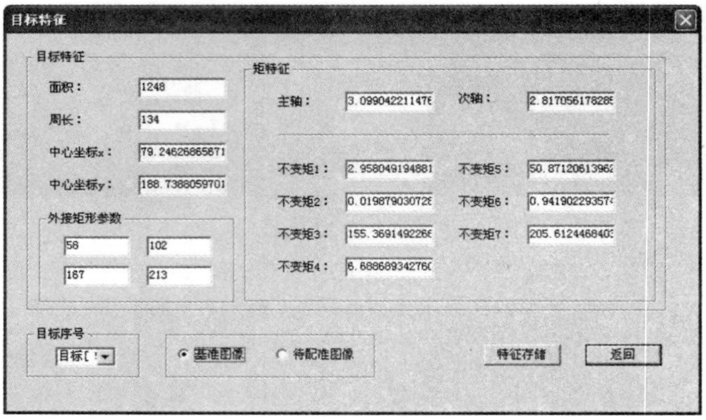

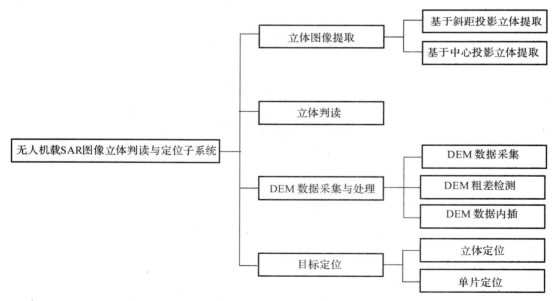

**图 8.10　目标特征对话框**

# 8.4　无人机载 SAR 图像立体判读与定位子系统

无人机载 SAR 图像立体判读与定位子系统由立体图像提取、立体判读、DEM 数据采集与处理、目标定位四个模块组成,如图 8.11 所示。

立体图像提取 ── 基于斜距投影立体提取
　　　　　　　── 基于中心投影立体提取

立体判读

无人机载SAR图像立体判读与定位子系统 ── DEM 数据采集与处理 ── DEM 数据采集
　　　　　　　　　　　　　　　　　　── DEM 粗差检测
　　　　　　　　　　　　　　　　　　── DEM 数据内插

目标定位 ── 立体定位
　　　　── 单片定位

**图 8.11　无人机载 SAR 图像立体判读与定位子系统组成图**

立体图像提取采用本书提出的算法分别可以生成基于斜距投影的立体图像和基于中心投影的立体图像,立体图像提取参数设置如图 8.12 所示。

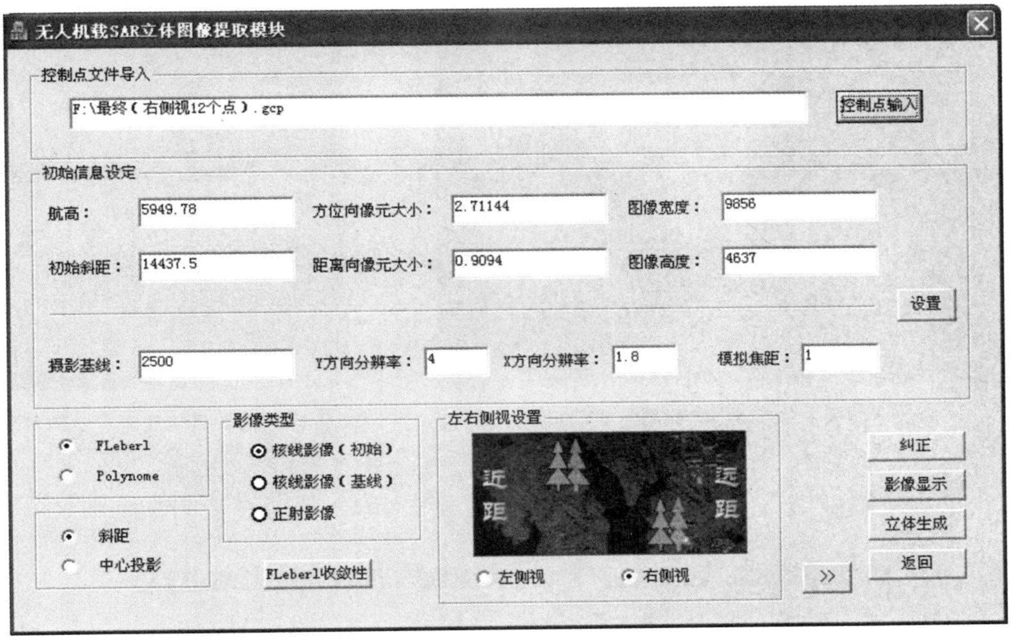

**图 8.12　立体图像提取参数设置对话框**

立体判读基于立体视觉的原理而设计,采用液晶眼镜和外部控制硬件实现无人机载 SAR 图像的立体判读,如图 8.13 所示。

DEM 数据采集是以无人机航空像片为数据源进行采集的,同时需要对采集后的 DEM 数据进行粗差检测、数据内插处理,以满足立体图像提取处理的需要。DEM 数据采集与处理是基于笔者设计和实现的无人机航空像片全数字定位仪开发的,无人机航空像片全数字定位仪如图 8.14 所示。

目标定位可以在立体图像情况下进行定位解算获取目标的三维坐标,也可以采用单幅 SAR 图像进行目标定位解算。

定位处理初始程序界面如图 8.15 所示,控制点编辑与删除对话框如图 8.16 所示,定向解算菜单如图 8.17 所示,该子系统同时具有对定位方法进行精度分析的功能,如图 8.18所示。

该子系统工作示意图如图 8.19 所示。

图 8.13 立体判读操作

图 8.14 无人机航空像片全数字定位仪

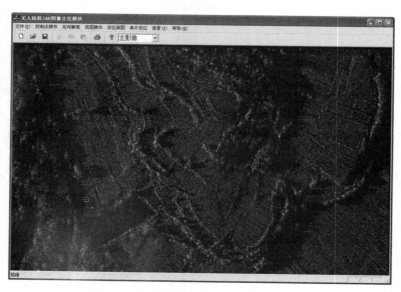

图 8.15 无人机载 SAR 图像定位初始界面

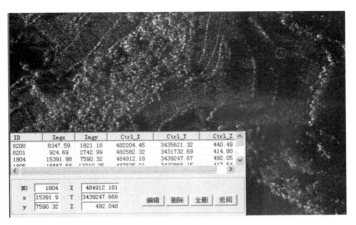

| ID | Imgx | Imgy | Ctrl_X | Ctrl_Y | Ctrl_Z |
|---|---|---|---|---|---|
| 8200 | 8347.59 | 1821.18 | 482204.45 | 3435621.32 | 440.49 |
| 8201 | 924.69 | 2742.99 | 482582.32 | 3431732.69 | 414.80 |
| 1804 | 15391.98 | 7590.32 | 484912.18 | 3439247.67 | 492.05 |

| NO | 1804 | X | 484912.181 |
|---|---|---|---|
| x | 15391.9 | Y | 3439247.668 |
| y | 7590.32 | Z | 492.048 |

图 8.16　控制点编辑与删除

图 8.17　定向解算菜单

## 无人机载SAR立体定位精度分析模块

### 平面误差
最大误差：　21.9709999999903
最小误差：　-14.95220164954
中误差：　7.6898009572314
X中误差：　7.0738536045909
Y中误差：　8.1801685438079

### 高程误差
最大误差：　13.625393924466
最小误差：　-15.43060048383
中误差：　6.4979970757923

### 数学模型
○ F.Leberl　　○ Polynome

输入文件：　F:\立体提取方法SAR定位试验\中心投影定位试验\Le
输出文件：　F:\立体提取方法SAR定位试验\中心投影定位试验\re
图像坐标：　F:\立体提取方法SAR定位试验\中心投影定位试验\影

### 定位方法
○ 中心投影
○ 斜距投影

误差分析　　返回

图 8.18　定位精度分析模块

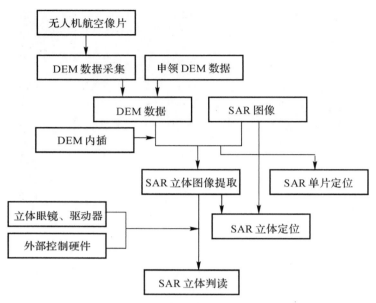

**图 8.19　无人机载 SAR 图像立体判读与定位子系统工作示意图**

# 8.5　无人机载 SAR 图像正射纠正子系统

　　无人机载 SAR 图像正射纠正子系统由正射纠正和纠正精度分析两个模块组成,如图 8.20 所示。

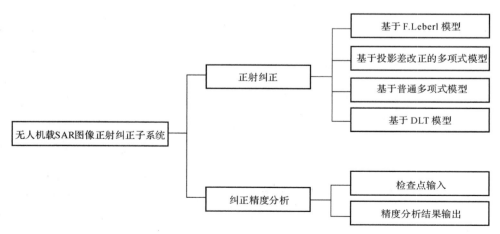

**图 8.20　无人机载 SAR 图像正射纠正子系统组成图**

正射纠正具体采用哪种数学模型需要依据无人机信息处理中提供的控制点个数、控制点分布、处理区域的地形起伏等实际情况来选择。当需要对纠正的图像进行精度评定时可以采用一定数量的检查点进行计算分析,纠正精度分析程序界面如图 8.21 所示。

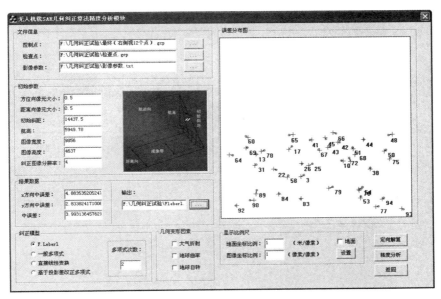

图 8.21　纠正精度分析模块

# 8.6　无人机载 SAR 图像分类子系统

无人机载 SAR 图像分类子系统由特征测量、分类方法实验、图像分类、分类后处理四个模块组成,如图 8.22 所示。

特征测量主要是在监督分类中采集样本使用和分类方法实验中使用。分类方法实验是为了获取分类实验环节中的中间数据而设计的,该模块特别适合于教学和部队训练学习中的使用。图像分类设计了基于监督分类的 BP 神经网络分类算法、基于非监督分类的 K-均值法(K-Mean 算法)和 ISODATA 算法,分类后处理是为了去除分类过程中产生的"毛刺"而设计的。

图像分类程序初始界面如图 8.23 所示,采用 BP 神经网络算法需要设置的参数如图 8.24 所示。

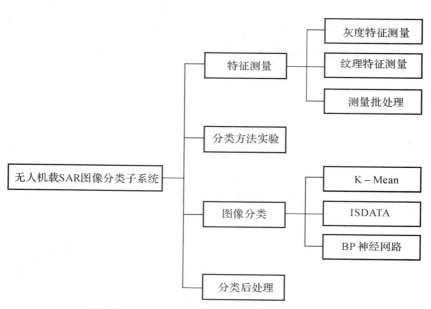

图 8.22　无人机载 SAR 图像分类子系统组成图

图 8.23　无人机载 SAR 图像分类程序初始界面

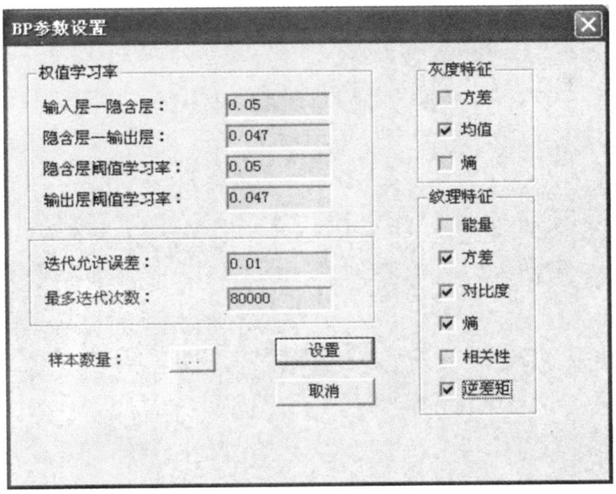
BP参数设置
权值学习率
输入层一隐含层：
0.05
隐含层一输出层：
0.047
隐含层阈值学习率：
0.05
输出层阈值学习率：
0.047
迭代允许误差：
0.01
最多迭代次数：
80000
样本数量：
...
设置
取消
灰度特征
方差
均值
熵
纹理特征
能量
方差
对比度
熵
相关性
逆差矩

图 8.24　BP 参数设置

# 参 考 文 献

[1] 樊邦奎,段连飞. 无人机侦察目标定位技术[M]. 北京:国防工业出版社,2014.

[2] 都基焱,段连飞,黄国满. 无人机电视侦察目标定位原理[M]. 合肥:中国科学技术大学出版社,2013.

[3] 郭华东. 雷达对地观测理论与应用[M]. 北京:科学出版社,2000.

[4] 徐建军. 合成孔径雷达图像目标检测[D]. 杭州:浙江大学,2006.

[5] 舒宁. 微波遥感原理[M]. 武汉:武汉大学出版社,2003.

[6] 高贵. 高分辨率 SAR 图像目标特征提取研究[D]. 长沙:国防科学技术大学,2003.

[7] 胡笑斌. SAR 图像目标识别中几个问题的研究[D]. 合肥:合肥工业大学,2005.

[8] 蒋斌. SAR 图像道路提取方法研究[D]. 长沙:国防科学技术大学,2004.

[9] 朱述龙,朱宝山,王红卫. 遥感图像处理与应用[M]. 北京:科学出版社,2006.

[10] 常庆瑞,蒋平安,周勇,等. 遥感技术导论[M]. 北京:科学出版社,2004.

[11] 杨鹭怡. 无人机技术[M]. 北京:解放军出版社,2005.

[12] 孙家抦. 遥感原理与应用[M]. 武汉:武汉大学出版社,2003.

[13] 段连飞. 无人机任务设备原理[M]. 北京:海潮出版社,2008.

[14] John R. Jensen. 遥感数字影像处理导论[M]. 北京:科学出版社,2007.

[15] 郭宏雁. 合成孔径雷达图像增强和检测技术研究[D]. 成都:电子科技大学,2001.

[16] 管鲍,孙洪. SAR 图像滤波的迭代方法[J]. 电波科学学报,2003,18(1):12 - 17.

[17] 黄勇,王建国,黄顺吉. 一种 SAR 图像的自动匹配算法及实现[J]. 电子与信息学报,2005,27(1):6 - 9.

[18] 于秋则,等. 基于改进 Hausdorff 测度和遗传算法的 SAR 图像与光学图像匹配[J]. 宇航学报,2006,27(1):130 - 133.

[19] 王磊,张钧萍,张晔. 基于特征的 SAR 图像与光学图像自动配准[J]. 哈尔滨工业大学学报,2005,37(1):22 - 25.

[20] 黄勇,王建国,黄顺吉. 一种 SAR 图像的自动匹配算法及实现[J]. 电子与信息学报,2005,27(1):6 - 9.

[21] 关泽群,刘继琳. 遥感图像解译[M]. 武汉:武汉大学出版社,2006.

[22] 张永生. 高分辨率遥感卫星应用[M]. 北京:科学出版社,2007.

[23] 郦苏丹. SAR 图像特征提取与目标识别方法研究[D]. 长沙:国防科学技术大

学,2003.

[24] 黄国满,郭建坤,赵争. SAR 影像多项式纠正方法与实验[J]. 测绘科学,2004,29 (6):27-30.

[25] 范永宏. SAR 图像的几何校正[J]. 武汉测绘科技大学学报,1997,22(1):39-41.

[26] 高力,赵杰,王仁礼. 利用 Leberl 模型进行机载 SAR 图像的立体定位[J]. 测绘学院学报,2004,21(4):269-271.

[27] 周月琴,郑肇葆,李德仁. SAR 图像立体定位原理与精度分析[J]. 遥感学报,1998, 2(4):247-250.

[28] 李卫斌. SAR 图像处理的若干关键技术[D]. 西安:西安电子科技大学,2004.

[29] Henri Maitre. 合成孔径雷达图像处理[M]. 北京:电子工业出版社,2005.

[30] 蔡志刚. 多源遥感影像自动配准与镶嵌的方法研究[D]. 杭州:浙江大学,2006.

[31] 李小玮,孙洪,管鲍. 合成孔径雷达图像统计滤波降噪方法[J]. 武汉大学学报:理学版,2002,48(1):94-98.

[32] 杜培军,孙敦新,林卉. 窗口大小对 SAR 图像滤波效果的影响分析[J]. 国土资源遥感,2006,2:12-15.

[33] 邓鹏. 边缘与灰度信息结合的 SAR 图像配准方法研究[D]. 北京:中国科学院,2003.

[34] 张祖勋,张剑清. 数字摄影测量学[M]. 武汉:武汉测绘科技大学出版社,1997.

[35] 夏良正,李久贤. 数字图像处理[M]. 南京:东南大学出版社,2006.

[36] 柴登峰,张登荣. 高分辨率卫星影像几何处理方法[M]. 杭州:浙江大学出版社,2007.

[37] 王植,贺赛先. 一种基于 Canny 理论的自适应边缘检测方法[J]. 中国影像图形学报,2004,9(8):957-962.

[38] 李晓明,郑链,胡占义. 基于 SIFT 特征的遥感影像自动配准[J]. 遥感学报,2006, 10(6):885-891.

[39] 金素明. SAR 图像自动镶嵌系统[D]. 北京:中国林业科学院,2001.

[40] 李映,史勤峰,张艳宁. SAR 图像的自动分割方法研究[J]. 电子与信息学报,2006, 28(5):932-934.

[41] 潘时祥. 雷达摄影测量原理[M]. 北京:解放军出版社,2000.

[42] 范洪冬. 机载 SAR 立体影像对提取 DEM 方法研究[D]. 徐州:中国矿业大学,2007.

[43] 徐青. 遥感影像融合与分辨率增强技术[M]. 北京:科学出版社,2007.

[44] 高力. SAR 摄影测量处理的基本方法和实践[D]. 郑州:解放军信息工程大

无人机载SAR图像信息提取技术

学,2004.

[45] 王冬红,刘军,张莉. 基于 F. Leberl 改进模型的星载 SAR 影像精纠正[J]. 测绘通报,2005(10):12 - 15.

[46] 钱俊. 单幅雷达影像测图原理研究[D]. 武汉:武汉大学,2004.

[47] 朱彩英,徐青,吴从晖. 机载 SAR 图像几何纠正的数学模型研究[J]. 遥感学报,2003,7(2):112 - 117.

[48] 曾桂香. 基于多尺度纹理分析的 SAR 图像地物分类[D]. 武汉:武汉大学,2005.

[49] 吴樊,王超,张红. 基于纹理特征的高分辨率 SAR 影像居民地提取[J]. 遥感技术与应用,2005,20(1):148 - 152.

[50] 高隽. 人工神经网络原理及仿真实例[M]. 北京:机械工业出版社,2003.

[51] 韩春林,雷飞,王建国. 合成孔径雷达图像目标分类研究[J]. 电子科技大学学报,2004, 33(1):1 - 4.

[52] 赵炳爱,范晓虹,邱志明. 小训练样本下的合成孔径雷达图像分类研究[J]. 系统工程与电子技术,2004,26(12):1767 - 1769.

[53] 计科峰. SAR 图像目标特征提取与分类方法研究[D]. 长沙:国防科学技术大学,2003.

[54] Katartzis A, Sahli H, Pizurica V, et al. A Model - Based Approach to the Automatic Extraction of Linear Features from Airborne Images [J]. IEEE Transactions on Geoscience and Remote Sensing,2001,39(9):2073 - 2079.

[55] Andras Bardossy, Luis Samaniego. Fuzzy Rule - Based Classification of Remotely Sensed Imagery[J]. IEEE Transactions on Geoscience and Remote Sensing,2002, 40(2):362 - 374.

[56] Andreas Reigber, Alberto Moreira. First Demonstration of Airborne SAR Tomography Using Multibaseline L - Band Data [J]. IEEE Transactions on Geoscience and Remote Sensing, 2000,38(5):2142 - 2151.

[57] Wang Bin, Zhang Liming. Automated Removal of Ghost Noise From SAR Images Using Wavelet Packet Transform [J], IEEE Transactions on Geoscience and Remote Sensing, 2003, 41(10):2409 - 2415.

[58] Chen L C, T A. Teo J Y. Rau. Fast Orthorectification for Satellite Images Using Path Backprojection[C]. IGARSS 2003, 803 - 805.

[59] Mohamed A Mohamed , D. Kwang - Eun Kim. Use of Texture Filters to Improve the Quality of Digital Models Derived from Stereo Imagery[C]. IGARSS 2003,

176 – 178.

[60] Bratsolis E，Sigelle M. Fast SAR Image Restoration，Segmentation. And Detection of High – Reflectance Regions[J]. IEEE Transactions on Geoscience and Remote Sensing，2003,41(12):2890 – 2900.

[61] Eugenio Sansosti. A Simple and Exact Solution for the Interferometric and Stereo SAR Geolocation Problem[J]. IEEE Transactions on Geoscience and Remote Sensing，2004,42(8):1625 – 1635.

[62] Leberl F，Domik G，Raggam J,et al. Radargrammetric experiments with space shuttle SIR – B imagery[J]. IEEE Transactions on Geoscience and Remote Sensing，1986,24(4).

[63] Giovanni Nico，Davide Leva，Joaquim Fortuny – Guasch. Generation of Digital Terrain Models With a Ground – Based SAR System[J]. IEEE Transactions on Geoscience and Remote Sensing，2005,43(1):45 – 50.

[64] Harolod S Stone，Michael T Orchard，Ee – Chien Chang，et al. A Fast Fourier – Based Algorithm for Subpixel Registration of Images[J]. IEEE Transactions on Geoscience and Remote Sensing，2001,39(10):2235 – 2241.

[65] Johan Jacob Mohr，Soren Norvang Madsen. Geometric Calibration of ERS Satellite SAR Images[J]. IEEE Transactions on Geoscience and Remote Sensing，2001,39(4):832 – 849.

[66] Jong Sen Lee，Shane R Cloude，Konstantinos P Papathanassiou，et al. Speckle Filtering and Coherence Estimation of Polarimetric SAR Interferometry Data for Forest Applications[J]. IEEE on Geoscience and remote sensing，2003，41(10):2254 – 2264.

[67] Jordi Inglada，Alain Giros. On the Possibility of Automatic Multi – sensor Image Registration[J]. IEEE Transactions on Geoscience and Remote Sensing，2004,42(10):2104 – 2120.

[68] Wu Joz，Lin Dechen. Radargrammetric parameter evaluation of an airborne SAR image[J]. Photogrammetric Engineering &Remote Sensing,2000，66(1). 41 – 47.

[69] Kazuo Ouchi，Wang Haipeng. Interlook Cross – Correlation Function of Speckle in SAR Images of Sea Surface Processed With Partially Overlapped Subapertures[J]. IEEE Transactions on Geoscience and Remote Sensing，2005，43(4):695 – 702.

[70] Kohonen T，Somervno P. How to Make Large Self – Organizing Maps for

无
人
机
载
S
A
R
图
像
信
息
提
取
技
术

Nonvectorial Data[J]. Neural Network，2002,15:945 - 952.

[71] Leong Keong KWOH，Huang Xiaojing. Automatic Image Registration and Color Merging for SPOT5 Imagery[C]. IGARSS 2003，164 - 166.

[72] Lorenzo Bruzzone，Roberto Cossu. An Adaptive Approach to Reducing Registration Noise Effects in Unsupervised Change Detection [ J ]. IEEE Transactions on Geoscience and Remote Sensing，2003,41(11):2455 - 2466.

[73] Lorenzo Bruzzone，Mattia Marconcini，Urs Wegmüller ，et al. An Advanced System for the Automatic Classification of Multitemporal SAR Images[J]. IEEE Transactions on Geoscience and Remote Sensing，2004,42(6):1321 - 1335.

[74] Macrì Pellizzeri， T， P Lombardo， Gamba P， et al. Mutisource Urban Classification：Joint Processing of Optical and SAR Data for Land Cover Mapping [C]. IGARSS 2003，1044 - 1046.

[75] Matteo Sgrenzaroli，Andrea Baraldi，Gianfranco et al. A Novel Approach to the Classification of Regional - Scale Radar Mosaics for Tropical Vegetation Mapping [J]. IEEE Transactions on Geoscience and Remote Sensing，2004，42 ( 11 )：2654 - 2670.

[76] Maurizio di Bisceglie，Carmela Galdi. CFAR Detection of Extended Objects in High - Resolution SAR Images[J]. IEEE Transactions on Geoscience and Remote Sensing，2005,43(4):833 - 844.

[77] M. Chica - Olmo. Computing Geostatistical Image Texture for Remotely Sensed Data Classification[J]. Computers&.Geosciences. 2000,26,373 - 383.

[78] Michael J Collins， Jonathan Wiebe， David A Clausi. The Effect of Speckle Filtering on Scale - Dependent Texture Estimation of a Forested Scene[J]. IEEE Transactions on Geoscience and Remote Sensing，2000，38(3):1160 - 1169.

[79] Min Dai，Cheng Peng，Andrew K Chan，et al. Bayesian Wavelet Shrinkage With Edge Detection for SAR Image Despeckling[J]. IEEE Transactions on Geoscience and Remote Sensing，2004,42(8):1642 - 1649.

[80] Paul C Smits. Multiple Classifier Systems for Supervised Remote Sensing Image Classification Based on Dynamic Classifier Selection[J]. IEEE Transactions on Geoscience and Remote Sensing，2002,40(4):801 - 813.

[81] Paul M Dare. New Techniques for the Automatic Registration of Microwave and Optical Remotely Sensed Images [ D ]. Ph. D. Thesis， University Of

London，1999.

[82] Paul R Kersten，Jong－Sen Lee，Thomas L Ainsworth. Unsupervised Classification of Polarimetric Synthetic Aperture Radar Images Using Fuzzy Clustering and EM Clustering[J]. IEEE Transactions on Geoscience and Remote Sensing，2005,43(3):519－528.

[83] Pierfrancesco Lombardo，Christopher J Oliver，Tiziana Macrì Pellizzeri，et al. A New Maximum－Likelihood Joint Segmentation Technique for Multitemporal SAR and Multiband Optical Images[J]. IEEE Transactions on Geoscience and Remote Sensing，2003,41(11)：2500－2519.

[84] Raggam H，Villanueva Fernandez M D. Approach to Automate Image Geocoding and Registration[C]. IGARSS 2003，812－814.

[85] Rob J Dekker. Texture Analysis and Classification of ERS SAR Images for Map Updating of Urban Areas in The Netherlands [J]. IEEE Transactions on Geoscience and Remote Sensing，2003,41(9):1950－1959.

[86] Samuel Foucher，Jean－Marc Boucher，Goze B Benie. Multiscale Classification and Filtering of SAR Images Using Dempster－Shafer Theory[C]. IGARSS 2003，197－199.

[87] Shih M Y，Tseng D C. Speckle Reduction for Remote－Sensing Images Using Contextual Hidden Markov Tree Model[C]. IGARSS 2003，1663－1665.

[88] Simonetto，Oriot E H，Garello R et al. Radargrammetric Processing for 3－D Building Extraction from High－Resolution Airborne SAR Data[C]. IGARSS 2003，2002－2004.

[89] Thierry Toutin. Path Processing and Block Adjustment With RADARSAT－1 SAR Images[J]. IEEE Transactions on Geoscience and Remote Sensing，2003,41 (10):2320－2329.

[90] Thierry Toutin. Review article：Geometric Processing of Remote Sensing Images：Models，Algorithms and Methods[J]. International Journal of Remote Sensing，2003，25:1893－1924.

[91] Timothy M Payne. The Effect of Scene Elevation on the Coherence of Wide－Angle Crossing－Node SAR Pairs[J]. IEEE Transactions on Geoscience and Remote Sensing，2004,42(3):520－529.

[92] Urs Wegmuller，Charles Werner. Andreas Wiesmann. et al. Radargrammetry

179

无人机载SAR图像信息提取技术

and space triangulation for DEM generation and image ortho – rectification[C].
IGARSS 2003，179 – 181.

[93] Singhroy V，Barnett P，Assouad P，et al. Terrain Interpretation from SAR
Techniques[C]. IGARSS 2003，106 – 108.

[94] Weiguo Liu，Karen C Seto，Wu Elaine Y，et al. ART – MMAP：A Neural
Network Approach to Subpixel Classification [J]. IEEE Transactions on
Geoscience and Remote Sensing，2004，42(9)：1976 – 1984.

[95] Yakoub Bazi，Lorenzo Bruzzone，Farid Melgani. An Unsupervised Approach
Based on the Generalized Gaussian Model to Automatic Change Detection in
Multitemporal SAR Images[J]. IEEE Transactions on Geoscience and Remote
Sensing，2005，43(4)：874 – 888.

[96] Dong Y，Milne A K，Forester B C. Toward Edge Sharpening：A SAR Speckle
Filtering Algorithm[J]. IEEE Transactions on Geoscience and Remote Sensing，
2001，39(4)：851 – 862.

[97] Zhang Hong，Wang Chao，Tang Yixian，et al. A New Image Registration Method
for Multi – frequency Airborne High – resolution SAR Images[C]. IGARSS 2003，
167 – 169.